高等数学概论

尹逊波　孙杰宝　主编

科学出版社

北京

内 容 简 介

本书是由哈尔滨工业大学编写的一本高等数学教材,本着删繁就简、注重实用的原则,对传统高等数学内容做了部分删减,针对的是对数学要求不高的部分专业.

本书主要介绍了一元微积分学及多元微分及二重积分的内容,每节后面都有相应的题目,书后附录还有综合性的练习题,同时为了配合教学内容,还摘引了部分数学家的趣闻轶事,阐述了数学与文化的联系.

本书可作为人文、经济等专业的本科、专科学生使用,也可以满足远程教育学生对高等数学的要求.

图书在版编目 (CIP) 数据

高等数学概论/尹逊波,孙杰宝主编. —北京:科学出版社,2015.12
ISBN 978-7-03-046589-4

Ⅰ. ①高… Ⅱ. ①尹… ②孙… Ⅲ. ①高等数学—高等学校—教材
Ⅳ. ①O13

中国版本图书馆 CIP 数据核字(2015)第 289574 号

责任编辑:张中兴 / 责任校对:钟 洋
责任印制:徐晓晨 / 封面设计:迷底书装

科 学 出 版 社出版
北京东黄城根北街 16 号
邮政编码:100717
http://www.sciencep.com

北京中石油彩色印刷有限责任公司 印刷
科学出版社发行 各地新华书店经销

*

2015 年 12 月第 一 版   开本:720×1 000 B5
2017 年 5 月第三次印刷   印张:11
字数:260 000
定价:29.00 元
(如有印装质量问题,我社负责调换)

前　言

　　培养基础扎实的人才一直是大学教育的重要目标，随着互联网时代到来，在线教育的全面发展，教材的多元化、信息化也是未来的趋势. 正是在这样的背景下，编者针对部分专业对高等数学要求不高，对这些专业及高等数学教学进行了一定的探索，才有了这本教材的出版.

　　本书的主要特色如下：

　　1. 与笔者在爱课程网站上线的"工科数学分析"部分内容配套，利于学生结合课本与网上资源学习；

　　2. 例题和习题丰富，特别是每节之后都有相应的配套习题，帮助学生更好地理解和掌握课程内容；

　　3. 为了拓宽学生的知识面及数学文化素养，特增加了数学家的趣闻轶事；

　　4. 书后给出模拟测试题及答案，以便于学生复习.

　　特别感谢在本书编写过程中，各位数学系同仁的关心和支持. 由于编者水平有限，书中错误、疏漏在所难免，恳请读者批评指正.

编　者

2015 年 11 月

目　　录

第1章 函　　数

　　函数是最重要的数学概念之一，是反映变量间对应关系的一种方式，是本书主要的研究对象，所以有必要对相关知识进行简要介绍．除函数的概念之外，与函数相关的函数周期性、有界性、奇偶性、单调性等性质，以及本书主要涉及的基本初等函数和初等函数在本章均将加以介绍．

1.1　函数的概念

1.1.1　实数集与实数

　　实数是有理数和无理数(无限不循环小数)的统称，有理数又分为整数和分数．

　　取定了原点、长度单位和方向的直线称为数轴．数轴上的点与实数是一一对应的．今后，我们对实数和数轴上的点不加区别．

　　以数为元素的集合称为数集，习惯上自然数集记为 $\mathbf{N}$ 、整数集记为 $\mathbf{Z}$ 、有理数集记为 $\mathbf{Q}$ ．所有实数构成的数集称为实数集，记为 $\mathbf{R}$ ．

　　设 $a,b \in \mathbf{R}$ ，且 $a < b$ ，以 a,b 为端点的有限区间包括

开区间：$(a,b) = \{x \mid a < x < b,\ x \in \mathbf{R}\}$ ；

闭区间：$[a,b] = \{x \mid a \leqslant x \leqslant b,\ x \in \mathbf{R}\}$ ；

半开区间：$(a,b] = \{x \mid a < x \leqslant b,\ x \in \mathbf{R}\}$ ；

　　　　　　$[a,b) = \{x \mid a \leqslant x < b,\ x \in \mathbf{R}\}$ ．

此外，还有五种无穷区间：

$$(a,\ +\infty) = \{x \mid x > a,\ x \in \mathbf{R}\} ;$$
$$[a,\ +\infty) = \{x \mid x \geqslant a,\ x \in \mathbf{R}\} ;$$
$$(-\infty,\ b) = \{x \mid x < b,\ x \in \mathbf{R}\} ;$$
$$(-\infty,\ b] = \{x \mid x \leqslant b,\ x \in \mathbf{R}\} ;$$
$$(-\infty,\ +\infty) = \mathbf{R} .$$

　　设 $\delta > 0$ ，称开区间 $(x_0 - \delta,\ x_0 + \delta)$ 为点 x_0 的 δ 邻域，记为 $U_{\delta}(x_0)$ 或 $U(x_0, \delta)$ ．它是以 x_0 为中心，长为 2δ 的开区间(图1.1)．有时我们不关心 δ 的大小，常用"邻域"或"x_0 附近"代替 x_0 的 δ 邻域．

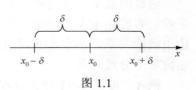

图 1.1

称集合 $(x_0 - \delta, \ x_0) \bigcup \{x_0, x_0 + \delta\}$ 为 x_0 的去心 δ 邻域，记为 $\mathring{U}_\delta(x_0)$.

实数 x 的绝对值

$$|x| = \begin{cases} x, & x \geq 0, \\ -x, & x < 0. \end{cases}$$

下面列出绝对值的几个常用性质：

(1) $|x| = \sqrt{x^2}$ ；

(2) $|x| \geq 0$ ；

(3) $|-x| = |x|$ ；

(4) $-|x| \leq x \leq |x|$ ；

(5) $|x + y| \leq |x| + |y|$ ；

(6) $|x - y| \geq ||x| - |y||$ ；

(7) $|xy| = |x||y|$ ；

(8) $\left|\dfrac{x}{y}\right| = \dfrac{|x|}{|y|}$ $(y \neq 0)$ ；

(9) 当 $a > 0$ 时，$|x| < a \Leftrightarrow -a < x < a$ ；

(10) 当 $b > 0$ 时，$|x| > b \Leftrightarrow x < -b$ 或 $x > b$.

1.1.2 函数的概念

在研究自然的、社会的，以及工程技术的某个过程中，经常会遇到各种不同的量. 在所研究的过程中保持不变的量称为常量，习惯上用字母 a, b, c 等表示. 在所研究的过程中，数值有变化的量称为变量，习惯上用英文字母 x, y, z 等表示.

函数的概念与中学介绍的函数概念是一致的，只是在表述方式上有所不同.

定义 1.1 如果两个变量 x 和 y 之间有一个数值对应规律，使变量 x 在其可取值的数集 X 内每取得一个值时，变量 y 就依照这个规律确定唯一对应值，则说 y 是 x 的函数，记为

$$y = f(x), \quad x \in X,$$

其中 x 称为自变量，y 称为因变量.

自变量 x 可取值的数集 X 称为函数的定义域. 所有函数值构成的集合 Y 称为函数的值域. 显然，函数 $y = f(x)$ 就是从定义域 X 到值域 Y 的映射，所以，有时把函数记为

$$f: X \to Y.$$

函数概念中有两个要素：其一是对应规律，即函数关系；其二是定义域.

函数的表示方法是多样的，主要有：公式法、图形法、表格法. 公式法给出的函数，有时在定义域内由一个公式表达出函数关系，有时无法或很难用一个公式表达出函数关系，而在定义域的不同部分用不同的公式来表达一个函数关系，这样的函数称为**分段函数**.

例 1 根据 2011 年国家税收规定：个人月收入少于 3500 元的部分不纳税，超

过 3500 元而少于 5000 元的部分按 3%纳税，而超过 5000 元少于 8000 元的部分按 10%纳税，所以个人月收入 x 与应纳税 y 的函数关系是（图 1.2）

$$y = \begin{cases} 0, & x \leqslant 3500, \\ (x - 3500) \cdot 3\%, & 3500 < x \leqslant 5000, \\ 45 + (x - 5000) \cdot 10\%, & 5000 < x \leqslant 8000. \end{cases}$$

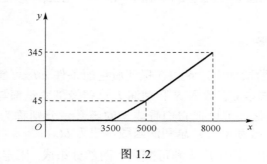

图 1.2

例 2　某公司第四季度各月计算机销售量（台）见表 1.1. 月份 t 和销售量 S 两个变量有表 1.1 中所示的依赖关系.

表 1.1

月份 t	10	11	12
销售量 S	58	47	36

例 1 分别用公式法和图形法表示变量间的函数关系，而例 2 则是表格法给出的函数关系. 下面给出的一个函数是典型的分段函数.

例 3　符号函数（克罗内克函数）（图 1.3）

$$y = \operatorname{sgn} x = \begin{cases} -1, & x < 0, \\ 0, & x = 0, \\ 1, & x > 0. \end{cases}$$

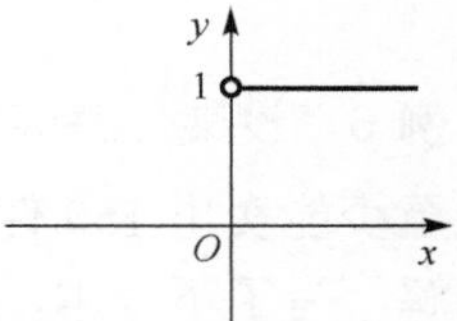

例 4　确定 $y = \sqrt{4x^2 - 1} + \arcsin x$ 的定义域.

解　因为负数不能开平方，所以有

$$4x^2 - 1 \geqslant 0,$$

它等价于 $|x| \geqslant \dfrac{1}{2}$，又因 $\arcsin x$ 的定义域是 $|x| \leqslant 1$，故所求的定义域是集合

$$\left[-1, -\frac{1}{2} \right] \cup \left[\frac{1}{2}, 1 \right].$$

图 1.3

例 5　确定 $y = 1/\lg(3x - 2) + \tan x$ 的定义域.

解　由负数和零不能取对数，零不能作分母及正切函数的定义知

$$3x - 2 > 0, \quad 3x - 2 \neq 1, \quad x \neq k\pi + \frac{\pi}{2} \quad (k = 0, \pm 1, \pm 2, \cdots).$$

故定义域

$$X = \left\{ x \middle| x > \frac{2}{3}, \text{且} x \neq 1, x \neq k\pi + \frac{\pi}{2} (k = 0, \pm 1, \pm 2, \cdots), x \in \mathbf{R} \right\}.$$

1.1.3　简单的经济函数

人们在生产和经营活动中，希望在保证质量的条件下尽可能降低产品的成本，增加收入与利润. 而成本 C、收入 R 和利润 L 这些经济变量都与产品的产量或销售量 x 有关，经抽象简化，可以把它们看成 x 的函数，分别称为**总成本函数**，记为 $C(x)$，**总收入函数**，记为 $R(x)$，**总利润函数**，记为 $L(x)$.

一般地说，总成本由固定成本和可变成本两部分组成. 固定成本与产量 x 无关，如厂房、设备、企业管理费等；可变成本随产量 x 的增加而增加，如原材料费、动力费、工时费、运输费等. 因此成本函数 $C(x)$ 是产量 x 的单增函数，最简单的成本函数为线性函数：

$$C(x) = a + bx,$$

其中 a, b 为正的常数，a 为固定成本.

如果产品的单位售价为 p，销售量为 x，则总收入函数为

$$R(x) = px.$$

总利润等于总收入减去总成本，故总利润函数为（设产销平衡）

$$L(x) = R(x) - C(x).$$

例 6　设某厂每天生产 x 件产品的总成本为 $C(x) = 2.5x + 300$（单位：元），假若每天至少能卖出 150 件产品，为了不亏本，单位售价至少应定为多少元？

解　为了不亏本，必须使每天售出的 150 件产品的总收入与总成本相等，设此时的价格为 p，则应有

$$150p = 2.5 \times 150 + 300 = 675,$$

解得 $p = 4.5$. 因此，为了不亏本，价格不能少于 4.5 元.

例 7　设某商店以每件 a 元的价格出售某种商品，但若顾客一次购买 50 件以上，则超出 50 件的部分以每件 $0.9a$ 元的优惠价出售，试将一次成交的销售收入 R 表示成销售量 x 的函数.

解　由题意可知，一次售 50 件以内的收入为

$$R(x) = ax \quad (0 \leq x \leq 50),$$

而一次售出超过 50 件时，收入为

$$R(x) = 50a + 0.9a(x-50) \quad (x > 50),$$

所以，一次成交的销售收入 R 是销售量 x 的分段函数

$$R(x) = \begin{cases} ax, & 0 \leqslant x \leqslant 50, \\ 50a + 0.9a(x-50), & x > 50. \end{cases}$$

下面再来介绍需求律和供给律，它们是经济学研究中的基本规律.

一种商品的市场需求量 Q 与该商品的价格 p 密切相关，降价使需求量增加，涨价使需求量减少. 如果不考虑其他影响需求量的因素，需求量 Q 可以看成是价格 p 的一元函数，称为**需求函数**，记为

$$Q = Q(p).$$

需求函数 $Q(p)$ 为价格 p 的单调减少函数. 最简单、最常见的需求函数是线性需求函数

$$Q = a - bp.$$

其中 a, b 为正的常数，a 为价格为零时的最大需求量，a/b 为最大销售价格(这个价格下，需求量为零).

一种商品的市场供给量 S 也受商品价格 p 的制约. 价格高，将刺激生产者向市场提供更多的产品，使供给量增加；反之，价格低将使供给量减少. 所以，供给量 S 也是价格 p 的一元函数，称为**供给函数**，记为

$$S = S(p).$$

供给函数 $S(p)$ 为价格 p 的单调增加函数，最简单的供给函数为线性供给函数：

$$S = -c + dp,$$

其中 c, d 为正的常数.

使一种商品的市场需求量与供给量相等的价格，称为**均衡价格**，记为 p_0.

当市场价格 p 高于均衡价格 p_0 时，供给量将增加，而需求量则相应减少；反之，市场价格低于均衡价格时，供给量减少，而需求量增加. 市场价格的调节量是这样按照需求律和供给律来实现的. 如图 1.4 所示.

例 8 已知鸡蛋每千克 6 元，每月能收购 10000kg，若收购价每千克提高 0.2 元，则收购量可增加 1000kg，求鸡蛋的线性供给函数.

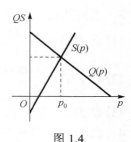

图 1.4

解 设鸡蛋的线性供给函数为

$$S = -c + dp,$$

其中 S 为收购量，p 为收购价格，由题意有

$$10000 = -c + 6d,$$
$$11000 = -c + 6.2d.$$

解得 $d = 5000, c = 20000$，从而所求供给函数为

$$S = -20000 + 5000p.$$

例9 已知某商品需求函数和供给函数分别为

$$Q = 14 - 1.5p, \quad S = -5 + 4p,$$

求该商品的均衡价格 p_0.

解 由供需均衡条件 $Q = S$，有

$$14 - 1.5p = -5 + 4p,$$

得均衡价格为

$$p_0 = \frac{19}{5.5} \approx 3.45.$$

习　题　1.1

1．用区间表示下列不等式中 x 的取值范围.

(1) $|x-1| < 0.2$ ；
(2) $0 < |x-1| < 5$ ；
(3) $|x| \geqslant 50$ ；
(4) $2 < |x-2| < 4$.

2．求下列函数的定义域.

(1) $y = \dfrac{1}{|x| - x}$ ；
(2) $y = \sqrt{\sin x} + \sqrt{16 - x^2}$ ；
(3) $y = \sqrt{x^2 - x}\, \arcsin x$ ；
(4) $y = \dfrac{\ln(3-x)}{\sqrt{|x|-1}}$.

3．求函数值.

(1) 设 $f(x) = \dfrac{|x-2|}{x+1}$ ，求 $f(2),\ f(-2),\ f(0)$ ；

(2) 设 $f(x) = \begin{cases} |\sin x|, & |x| < 1, \\ 0, & |x| \geqslant 1, \end{cases}$ 　求 $f(1),\ f\left(\dfrac{\pi}{4}\right),\ f(-2),\ f\left(-\dfrac{\pi}{4}\right)$ ；

(3) 设 $f(x) = 2x - 3$ ，求 $f(a^2),\ [f(a)]^2$.

4．已知 $f(x)$ 是线性函数，即 $f(x) = ax + b$ ，且 $f(-1) = 2,\ f(2) = -3$ ，求 $f(x)$ ，$f(5)$.

1.2　函数的几种特性与类型

1.2.1　函数的几种特性

在研究函数时，注意到函数的特性，将带来许多便利.

1. 函数的奇偶性

设函数 $y = f(x)$ 的定义域 X 关于原点对称，即当 $x \in X$ 时，必有 $-x \in X$，若对任何 $x \in X$，都有

$$f(-x) = -f(x)，$$

则称 $y = f(x)$ 为**奇函数**；若对任何 $x \in X$，都有

$$f(-x) = f(x)，$$

则称 $y = f(x)$ 为**偶函数**.

由以上定义可知，偶函数的图形是关于 y 轴对称的，而奇函数的图形关于原点对称的. $y = x^2$，$y = \cos x$ 在其定义域 $(-\infty, +\infty)$ 上是偶函数，而 $y = x$，$y = \sin x$ 在其定义域 $(-\infty, +\infty)$ 上是奇函数.

2. 函数的周期性

设

$$y = f(x)，\quad x \in X，$$

如果存在常数 $T > 0$，只要当 x，$x + T \in X$ 时，均有

$$f(x) = f(x + T)，$$

则称函数 $y = f(x)$ 为**周期函数**，常数 T 称为它的**周期**. 例如，$y = \sin x$ 是以 2π 为周期的函数. 按周期的定义，常数 $4\pi, 6\pi$ 也是 $y = \sin x$ 的周期，2π 是它的最小周期. 通常说某周期函数的周期，都是指它的最小正周期.

3. 函数的单调性

设函数 $y = f(x)$ 的定义域为 X，如果对于 X 内的任意两点 x_1，x_2，当 $x_1 < x_2$ 时，恒有

$$f(x_1) < f(x_2) \quad (f(x_2) > f(x_1))，$$

则称 $f(x)$ 在 X 上**单调增加（单调减少）**.

在定义域上，单调增加或单调减少的函数统称为**单调函数**. 有时函数在其定义域上不是单调函数，但在定义域内的某个区间上是单调的，则此区间称为该函数的**单调区间**.

例如，$y = x^2$ 在其定义域 $(-\infty, +\infty)$ 上不是单调函数，但它在 $(-\infty, 0)$ 上是单调减少的，在 $[0, +\infty)$ 上单调增加的，而 $y = x^3$ 在它的定义域 $(-\infty, +\infty)$ 上单调增加.

4. 函数的有界性

设函数 $y = f(x)$ 的定义域为 X，若存在常数 $M > 0$，恒有

$$|f(x)| \leq M, \quad \forall x \in X,$$

则称函数 $y = f(x)$ 在 X 上是**有界的**，或者说 $f(x)$ 是 x 上**有界函数**，否则称 $f(x)$ 在 X 上是**无界的**.

例如，$y = \sin x$ 是有界函数，$y = \dfrac{1}{x}$ 是无界函数，但它在区间 $(0, +\infty)$ 上有下界，在区间 $(1, +\infty)$ 上有界.

1.2.2 函数的类型

下面介绍几种常见的函数类型.

1. 反函数

一般地，对于函数 $y = f(x)$，如果将 y 当成自变量，x 作为因变量，则由 $y = f(x)$ 确定的函数 $x = g(y)$ 称为 $y = f(x)$ 的**反函数**. 习惯用 x 表示自变量，用 y 表示因变量，所以把 $y = f(x)$ 的反函数 $x = g(y)$ 改记为 $y = g(x)$. 这样，$y = g(x)$ 与 $y = f(x)$ 互为反函数，中学已证明过，它们的图形关于直线 $y = x$ 对称(图 1.5).

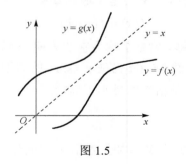

图 1.5

2. 隐函数

若变量 x, y 之间的函数关系是由一个含 x, y 的方程

$$F(x, y) = 0$$

给定的，则说 y 是 x 的**隐函数**. 相应地，把由自变量的算式表示因变量的函数称为**显函数**.

例如，由方程 $2x + 3y - 1 = 0$, $xy = \mathrm{e}^x - \mathrm{e}^y$ 表示的函数都是隐函数；而 $y = \cos x$, $y = \ln(1 + \sqrt{1 - x^2})$ 都是显函数.

如果能从隐函数中将 y 解出来，就得到它的显函数形式. 例如，$x^2 + y^2 = 1$ 的显函数形式为 $y = \pm\sqrt{1 - x^2}$. 注意，这里 $\forall x \in (-1, 1)$，都有两个 y 与之对应，这不符合前面函数的定义，故不能称为函数. 但有时为了方便或其他目的，称此例所确定的变量关系为多值函数，满足前面定义的变量为单值函数. 本书所涉及的函数若无特别声明，都是单值函数.

3. 参数方程表示的函数

两个变量 x, y 之间的函数关系，有时是通过参数方程

$$\begin{cases} x = \varphi(t), \\ y = \psi(t), \end{cases} \quad t \in T$$

给出的，这样的函数称为**参数式的函数**，t 称为**参数**，也称为**参变量**.

例如，隐函数 $x^2 + y^2 - a^2 = 0$（圆），即可表为显函数 $y = \pm\sqrt{a^2 - x^2}$，又可以用参数方程

$$\begin{cases} x = a\cos t, \\ y = a\sin t, \end{cases} \quad 0 \leqslant t < 2\pi$$

来表示.

习　题　1.2

1. 指出下列函数中的奇偶函数和周期函数.

(1) $y = |\sin x|$；

(2) $y = 2 + \tan \pi x$；

(3) $y = \log_a(x + \sqrt{x^2 + 1})$；

(4) $y = 3^{-x}(1 + 3^x)^2$.

2. 指出下列函数的单调区间及有界性.

(1) $y = \dfrac{1}{x}$；

(2) $y = \arctan x$；

(3) $y = |x| - x$；

(4) $y = \sqrt{a^2 - x^2} \ (a > 0)$.

3. 设 $y = f(x)$ 是以 2π 为周期的函数，当 $-\pi \leqslant x < \pi$ 时，$f(x) = x$，试求当 $\pi \leqslant x < 3\pi$ 时，函数 $f(x)$ 的表达式.

4. 设 $f(x)$ 是奇函数，当 $x > 0$ 时，$f(x) = x - x^2$，求当 $x < 0$ 时，$f(x)$ 的表达式.

1.3 初 等 函 数

1.3.1 基本初等函数及其图形

中学数学课所学过的幂函数、三角函数、反三角函数、指数函数和对数函数等五类函数及常值函数统称为**基本初等函数**，由它们"组成"的函数是常见的，需要熟悉这些函数的基本性质，并牢记它们的图形.

1. 幂函数

函数

$$y = x^\mu$$

（μ 为任意常数）称为幂函数，其定义域由 μ 的取值而定. 例如，当 $\mu = \dfrac{1}{3}$ 时，定义域为 $(-\infty, +\infty)$；当 $\mu = \dfrac{1}{2}$ 时，定义域为 $[0, +\infty)$；$\mu = -1$ 时，定义域为 $(-\infty, 0) \bigcup (0, +\infty)$.
图 1.6 画出了 $\mu = \dfrac{1}{3}$，$\mu = \dfrac{1}{2}$，$\mu = 1$，$\mu = 2$，$\mu = 3$，$\mu = -1$ 时的幂函数在第一象限部分的图形. 它们都通过点 $(1,1)$，其中当 $\mu > 0$ 时，幂函数都是单增的；当 $\mu < 0$ 时，幂函数都是单减的.

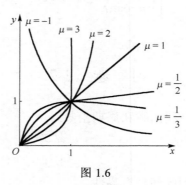

图 1.6

2. 指数函数

函数

$$y = a^x \quad (a > 0, \ a \neq 1)$$

称为指数函数，其定义域为 $(-\infty,+\infty)$，值域为 $(0,+\infty)$．当 $0<a<1$ 时，它是单调减函数；当 $a>1$ 时，它是单调增函数．它们的图形均通过点 $(0,1)$．函数 $y=a^x$ 与 $y=a^{-x}$ 的图形关于 y 轴对称，且 x 轴为其渐近线，如图 1.7 所示．以无理数 $e \doteq 2.71828$ 为底的指数函数 $y=e^x$ 与 $y=e^{-x}$ 是最常见的指数函数．

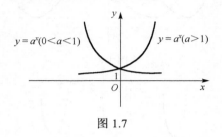

图 1.7

3. 对数函数

函数

$$y=\log_a x \quad (a>0,\ a \neq 1)$$

称为对数函数，其定义域为 $(0,+\infty)$，值域为 $(-\infty,+\infty)$，它是指数函数 $y=a^x$ 的反函数．当 $a>1$ 时它是单调增函数，当 $0<a<1$ 时它是单调减函数．

图形都经过点 $(1,0)$（图 1.8）．

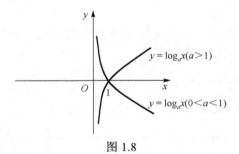

图 1.8

以 10 为底的对数称为常用对数，并简记为 $\lg x$．以 e 为底的对数称为自然对数，并简记为 $\ln x$．

4. 三角函数

三角函数包括正弦函数 $y=\sin x$，余弦函数 $y=\cos x$，正切函数 $y=\tan x$，余切函数 $y=\cot x$，正割函数 $y=\sec x$ 和余割函数 $y=\csc x$．正弦函数、余弦函数、正割函数和余割函数都是以 2π 为周期的函数，正切函数和余切函数的周期为 π．正弦函数和余弦函数是有界函数，其他三角函数是无界函数．三角函数的图形如图 1.9 和图 1.10 所示．

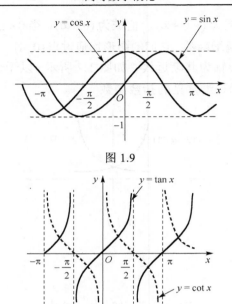

图 1.9

图 1.10

必须指出，在数学分析中，三角函数的自变量 x 作为角必须采用弧度制.

5. 反三角函数

由三角函数的周期性可知，其反函数必为多值函数，显然只需讨论它的单值分支，即主值范围内的反三角函数.

$$y = \arcsin x, \quad -1 \leqslant x \leqslant 1, \quad -\frac{\pi}{2} \leqslant y \leqslant \frac{\pi}{2};$$

$$y = \arccos x, \quad -1 \leqslant x \leqslant 1, \quad 0 \leqslant y \leqslant \pi;$$

$$y = \arctan x, \quad -\infty < x < +\infty, \quad -\frac{\pi}{2} < y < \frac{\pi}{2};$$

$$y = \operatorname{arccot} x, \quad -\infty < x < +\infty, \quad 0 < y < \pi.$$

它们的图形分别为图 1.11～图 1.14 中的实线.

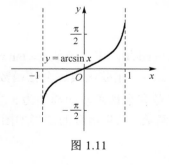

图 1.11

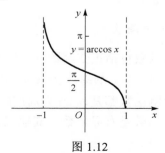

图 1.12

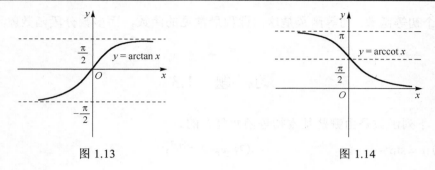

图 1.13   图 1.14

6. 常函数

形如
$$y = C \quad (C \text{ 为某常数})$$
的函数称为常函数，其定义域为 $(-\infty, +\infty)$，图形是与 x 轴平行且纵截距为 C 的直线，如图 1.15 所示.

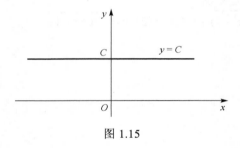

图 1.15

1.3.2 复合函数与初等函数

设函数 $y = f(u)$, $u \in U$，而 u 又是 x 的函数 $u = \varphi(x)$, $x \in X$，且 $D = \{x \mid x \in X$ 且 $\varphi(x) \in U\} \neq \varnothing$，则函数
$$y = f[\varphi(x)], \quad x \in D$$
称为由函数 $y = f(u)$ 和 $u = \varphi(x)$ 复合成的**复合函数**，u 称为**中间变量**.

例如，$y = \sin^2 x$ 是由 $y = u^2, u = \sin x$ 复合而成的函数；$y = \sqrt{\ln(x+1)}$ 是由 $y = u^{\frac{1}{2}}$, $u = \ln v$, $v = x+1$ 复合而成的函数.

由基本初等函数经有限次四则运算和有限次复合所得到的，并能用一个式子表示的函数称为**初等函数**. 例如，
$$y = \ln x + \sin x \cdot e^{\arctan 2x} + 5x$$

就是一个初等函数. 初等函数是这门课程最常见的函数，而多数分段函数就不是初等函数.

习　题　1.3

1. 下列函数是由哪些基本初等函数复合的？

（1）$y = \sin^3 \dfrac{1}{x}$；

（2）$y = 2^{\arcsin x^2}$；

（3）$y = \lg \lg \lg \sqrt{x}$；

（4）$y = \arctan e^{\cos x}$.

2. 设 $f(x) = x^3 - x,\ \varphi(x) = \sin 2x$，求 $f(\varphi(x))$ 和 $\varphi(f(1))$.

3. 设 $f(x) = \sin x,\ f(\varphi(x)) = 1 - x^2$，且 $|\varphi(x)| \leqslant \dfrac{\pi}{2}$，求 $\varphi(x)$ 及其定义域.

4. 设 $f\left(x + \dfrac{1}{x}\right) = \dfrac{x^2}{x^4 + 1}$，求 $f(x)$.

5. 求下列函数的定义域.

（1）$y = \arccos \sqrt{\lg(x^2 - 1)}$；

（2）$y = \sqrt{\cos x - 1}$.

通晓数学的大师——欧拉

在漫长的数学史中，李昂纳德·欧拉的遗产是无与伦比的. 他博大精深和空前丰富的著述令人叹为观止. 欧拉厚厚的 70 多卷文选，如此深远地改变了数学的面貌，足以证明这位谦和的瑞士人的非凡天才. 实际上，面对他数量奇多、质量极高的著述，人们的第一个感觉便是，他的故事似乎是一部天方夜谭，而不是确凿的史实.

这位伟人于 1707 年出生在瑞士的巴塞尔. 毫不奇怪，他在年轻时即表现出超人的天赋. 欧拉的父亲是一个加尔文教派的牧师，他设法安排年轻的李昂纳德师从著名的约翰·伯努利. 欧拉后来常常回忆起与他的老师伯努利在一起的这段时光. 小欧拉经过一星期的学习准备，然后在每个星期六下午的指定时间里，去向伯努利请教一些数学问题. 伯努利并非总是仁慈和蔼，最初常常为了学生的不足而发火；而欧拉则更加勤奋，尽可能不以琐事去烦扰老师.

不论约翰·伯努利的脾气是否很坏，他很快就发现了他学生的非凡天才. 不久，欧拉就开始发表高质量的数学论文. 19 岁时，欧拉以其对船上安装桅杆的最佳位置的精彩分析而荣获了法国科学院颁发的奖金.（值得注意的是，那时，欧拉还从未见过海船！）

1727 年，欧拉成为俄国圣彼得堡科学院的成员. 当时，俄国建立科学院，是为了与巴黎和柏林的科学院相匹敌，以实现彼得大帝的梦想. 在移居俄国的学者中，有一位是约翰的儿子丹尼尔·伯努利. 通过丹尼尔的影响，欧拉谋得了职位. 但奇怪的是，由于自然科学方面职位没有空缺，欧拉只能就任医学和生理学方面的职位. 然而，职位毕竟是职位，欧拉欣然领受. 开始的路程十分艰难，他甚至在俄国海军当了一段医官. 终于在 1733 年，数学教授丹尼尔·伯努利辞职返回瑞士，欧拉接替了丹尼尔的职位.

当时，欧拉已显示出后来成为他整个数学生涯鲜明特征的过人精力和巨大创造力. 虽然在 18 世纪 30 年代中期，欧拉的右眼开始失明，而且，不久就完全失明，但是，伤残并没有影响他的科学研究. 他不屈不挠，解决了各个数学领域（如几何学、数论和组合）及应用领域（如机械学、流体动力学和光学）中的种种疑难问题. 只要想象一下一个人在失明后还要向世界揭示光学的奥秘，我们就会受到强烈的感染和激励.

1741 年，欧拉离开了圣彼得堡科学院，并应腓特烈大帝的邀请，成为柏林科学院院士. 在一定程度上, 他离开俄国是因为他不喜欢沙皇制度的压抑. 但遗憾的是, 柏林的情况也并不理想. 腓特烈嫌他太单纯、太文静、太谦和. 这位德国国王在一次提到欧拉的视力问题时, 竟称欧拉为"数学独眼龙". 由于腓特烈的这种态度, 以及科学院内部的一些明争暗斗, 欧拉于俄国叶卡捷琳娜二世在位期间应邀返回了圣彼得堡. 他后来一直住在俄国, 直到 17 年后逝世.

欧拉的同时代人称他是一个善良和宽宏大量的人, 他喜欢自己种菜和给他 13 个孩子讲故事. 在这一方面, 欧拉是一个受人欢迎的人物, 恰与孤僻、缄默的艾萨克·牛顿形成鲜明对照, 而牛顿确是少有的一位可与欧拉比肩而立的数学大师. 我们从中欣慰地看到, 这一等天才并非个个都是神经质. 甚至在 1771 年, 欧拉的另一只眼睛也失明后, 他仍然保持着温良的性格. 尽管欧拉双目全盲, 而且经常疼痛, 但他依然坚持向他的助手口授他奇妙的方程和公式, 在助手的帮助下, 继续从事数学著述. 正如失聪没有阻碍下一代的路德维希·冯·贝多芬的音乐创作一样, 失明也同样没有阻碍李昂纳德·欧拉的数学探索.

欧拉的整个数学生涯, 始终得益于他惊人的记忆力, 对此, 我们只能称他为超人. 他在进行数论研究时, 不但能够记住前 100 个素数, 而且还能记住所有这些素数的平方、立方, 甚至四次方、五次方和六次方. 欧拉可以很轻松地背诵出诸如 241^4 或 337^6 的数值, 而其他人却要忙着查表或笔算. 但这还只是他显示非凡记忆力的一些小把戏. 他能够进行复杂的心算, 其中有些运算要求他必须要记住 50 位小数! 法国物理学家弗朗索瓦·阿拉戈说, 欧拉计算时似乎毫不费力, "就像人在呼吸, 或鹰在翱翔一样轻松". 除此以外, 欧拉还能够记住大量的论据、引语和诗歌, 包括维吉尔的《埃涅阿斯纪》全篇, 这部史诗是欧拉幼年时诵读的, 时隔 50 年后, 他依然能够一字不差地背出全文. 任何一位小说作家都不敢编造出一个具有如此惊人记忆力的人物.

欧拉无与伦比的名望是与他的数学论著密不可分的. 他的笔下, 既有一些高难度的数学著作, 也有一些初级数学书, 而且, 他并不认为如此就降低了身份. 也许, 他最著名的著作是他 1748 年发表的《无穷小分析引论》. 这部不朽的数学论著可以与欧几里得的《原本》相比美. 欧拉在这部著作中评述了前辈数学家的发现, 组织并清理了他们的论证, 其论著之精妙, 使得绝大部分前人著作都显得陈腐. 除《引论》一书外, 1755 年, 欧拉出版了一卷本的《微分学原理》, 1768—1774 年, 又相继出版了三卷本的《积分学原理》, 从此确定了数学分析的方向, 并一直延续至今.

欧拉所有著作的论述都非常清楚易懂, 并且, 他所选用的数学符号, 都是为了将他的意思表达得更加清晰明了, 而不是含混不清. 对于今天的读者来说, 欧拉的数学著述堪称是最早一些具有现代数学意味的著述; 这当然不仅是因为他使用了现代数学符号, 而且, 还因为他的影响十分深远, 所有后来的数学家都采用了他的文体、符号和公式. 并且, 欧拉在写作时, 想到了并非所有读者都能像他那样, 具有惊人的学习数学的能力. 欧拉不是以往那类数学家, 他们虽然对问题有深邃的见解, 但却无法把自己的意思传达给旁人. 相反, 他深深地喜爱教学. 法国数学家孔多塞在谈到欧拉时有一句精辟的话: "他喜欢教诲他的学生, 而不是从炫耀中求取满足." 这正是对一个人的高度赞美, 因为欧拉如果喜欢炫耀, 他的数学才干确实足以令任何人吃惊.

任何人在谈到欧拉的数学时, 都会提到他的《全集》, 这是一部 73 卷的文集. 这部文集汇编了他一生分别用拉丁文、法文和德文撰著的 886 卷书和文章. 他的著作数量极多, 产出速度极快, 甚至在他完全失明后也是如此, 据说, 他的著作直到他谢世后 47 年才出版完毕.

如前所述, 欧拉并未将他的工作局限于纯数学领域. 相反, 他广泛涉猎声学、工程学、机械学、天文学等许多领域, 甚至还写有三卷著作, 专门论述光学仪器, 如望远镜和显微镜. 虽然听来令人难以相信, 但据估计, 如果有人清点 18 世纪后 70 几年中的所有数学著作, 那么, 其中大约有三分之一出自李昂纳德·欧拉之手!

如果你在图书馆里, 站在收藏欧拉著作的书架前, 一个书架一个书架地看去, 其著述洋洋大观, 令人惊叹. 这成千上万页文字, 涉及从变分法、图论, 到复变函数和微分方程等数学的所有分支, 它们指引了数学各个领域的新方向. 实际上, 数学的每个分支都有欧拉创立的重要定理. 因此, 我们可以在几何学中找到欧拉三角, 在拓扑学中找到欧拉示性函数, 在图论中找到欧拉圆, 还不要说使人目不暇接的欧拉常数、欧拉多项式、欧拉积分等名目了. 即使这些还只是故事的一半, 因为人们一向记于他人名下的许多数学定理, 实际上却是欧拉发现的, 并深藏于他卷帙浩繁的著述中. 有一则似假还真的趣话说道:

"……法则和定理的命名, 常有喧宾夺主的事情, 否则, 有半数应署上欧拉的名字."

1783 年 9 月 7 日, 欧拉溘然长逝. 尽管他已双目失明, 但直至他逝世, 他一直在进行数学研究. 据说, 在他生命的最后一天, 他还在与他的孙子们一起游戏并讨论有关天王星的最新理论. 对欧拉来说, 死神来得非常突然, 用孔多塞的话说, "他终止了计算和生命". 欧拉被埋葬在他曾居住过的圣彼得堡, 他曾断断续续地在那里度过了许多美好的时光.

本文选自威廉·邓纳姆著的《天才引导的历程》第九章欧拉非凡的求和公式.

第 2 章　极限与连续

　　早在公元 3 世纪中国数学家刘徽的割圆术,就是用圆内接正多边形的周长的极限定义圆周长,但在当时这只是朴素的极限思想. 一直到 17 世纪由牛顿(I.Newton,英,1642—1727)和莱布尼茨(G.W.Leibniz,德,1646—1716)在前人工作的基础上建立微积分之时,当时极限思想尚未成熟,很多概念和结论仍然是含混不清的,因而当时引起了不少争论和怀疑. 直到 19 世纪后期柯西(A.L.Cauchy,法,1789—1857)和魏尔斯特拉斯(K.Weierstrass,德,1815—1897)等人才给出了极限的定义及函数连续的概念,把微积分建立在严密的理论基础上. 所以,极限方法经历了许多世纪的锤炼,是人类智慧的精华. 极限方法是大学数学的基础,在自然科学和社会科学中许多基本概念都离不开它.

2.1　函数的极限

2.1.1　数列极限与函数极限

1. 数列极限

按一定法则排列的无穷多个实数

$$x_1, \ x_2, \ \cdots, \ x_n, \ \cdots$$

称为**无穷数列**,简称**数列**,记为 $\{x_n\}$. 数列中的每个数,称为数列的项,第 n 项 x_n 称为数列的**通项**. 数列也可看成是定义在正整数集上的函数 $x_n = f(n)$,也称整标函数. 例如,数列

$$\frac{1}{2}, \ \frac{1}{4}, \ \frac{1}{8}, \ \cdots, \ \frac{1}{2^n}, \ \cdots, \tag{1}$$

$$2, \ 4, \ 6, \ \cdots, \ 2n, \ \cdots, \tag{2}$$

$$1, \ -1, \ 1, \ \cdots, \ (-1)^{n+1}, \ \cdots. \tag{3}$$

　　当项数 n 无限增大时,数列的项如果无限趋近于一个固定的常数 A,就是说,无论预先给定怎样小的正数,在数列里都能找到一项,从这一项起,以后所有项与 A 的差的绝对值,都小于预先给定小的正数,那么固定常数 A 就称为这个无穷数列

的**极限**，记为

$$\lim_{n\to\infty} x_n = A.$$

这里我们不给出严格的极限定义，从直观上的理解，不难得出上面数列 (1) 极限值为 0，即 $\lim\limits_{n\to\infty}\dfrac{1}{2^n}=0$. 对于数列 (2)，$\lim\limits_{n\to\infty}2n=+\infty$，这种情况一般也称数列极限不存在. 对于数列 (3)，由于偶数和奇数时趋近的是不同的两个常数，没有一个固定常数，所以数列 (3) 极限也不存在.

如果两个数列有极限，那么，这两个数列各对应项的和、差、积、商组成的数列的极限，分别等于这两个数列的极限的和、差、积、商 (作为除数的数列的极限不能为零).

也就是说，如果数列 $\lim\limits_{n\to\infty}x_n=A,\ \lim\limits_{n\to\infty}y_n=B$，那么

$$\lim_{n\to\infty}(x_n\pm y_n)=A\pm B,$$

$$\lim_{n\to\infty}(x_n y_n)=A\cdot B,$$

$$\lim_{n\to\infty}\frac{x_n}{y_n}=\frac{A}{B}\quad(B\neq 0).$$

2. 函数极限

对于函数 $y=f(x)$，如果当自变量 x 无限接近 a 时，函数值 $f(x)$ 无限趋近于一个固定的常数 A，那么这个常数 A 就称为函数 $y=f(x)$ 当 x 趋近于 a 时的极限，记为

$$\lim_{x\to a}f(x)=A,$$

这里，a 可以是有限数，也可以是无穷大.

若 a 是有限数，则自变量 x 无限趋近 a 时，可以从 a 的左边也可以从 a 的右边趋近，从左边趋近时称为左极限，右边趋近时称为右极限，分别记为 $\lim\limits_{x\to a^-}f(x)=f(a^-)=A$ 和 $\lim\limits_{x\to a^+}f(x)=f(a^+)=A$. 显然左右极限都存在且相等等价于极限存在.

若 a 是无穷大，则类似的也有趋近于 $+\infty$ 和 $-\infty$ 两种情形，同样地，$\lim\limits_{x\to\infty}f(x)=A\Leftrightarrow\lim\limits_{x\to+\infty}f(x)=\lim\limits_{x\to-\infty}f(x)=A$.

和数列的情形类似，有下述结果：若 $\lim\limits_{x\to a}f(x)=A,\ \lim\limits_{x\to a}g(x)=B$，那么

$$\lim_{x\to a}(f(x)\pm g(x))=A\pm B,$$

$$\lim_{x\to a}(f(x)g(x))=A\cdot B,$$

$$\lim_{x \to a} \frac{f(x)}{g(x)} = \frac{A}{B} \quad (B \neq 0).$$

3. 极限基本运算

实际上，计算极限值的前提是需要保证极限值是唯一的，由极限的定义，可以证明如下.

定理 2.1 函数极限值如果存在，则极限值一定唯一.

在此前提下，由数列极限的定义，可以得到下面一些的极限计算基本结论：

(1) $\lim\limits_{n \to \infty} \dfrac{1}{a^n} = 0(a > 1)$ 或 $\lim\limits_{n \to \infty} b^n = 0(0 < b < 1)$ ；

(2) $\lim\limits_{n \to \infty} \dfrac{1}{n^\alpha} = 0(\alpha > 0)$ ；

(3) $\lim\limits_{n \to \infty} \sqrt[n]{a} = 1(a > 0, \ a \neq 1)$ ；

(4) $\lim\limits_{n \to \infty} \sqrt[n]{n} = 1$.

而函数极限，则有关于初等函数的结论.

如果函数 $f(x)$ 为初等函数，则在函数定义域内有 $\lim\limits_{x \to x_0} f(x) = f(x_0)$.

例 1 求极限 $\lim\limits_{n \to \infty} \dfrac{3n^3 + n + 3}{n^3 + 2}$.

解 将分式

$$\frac{3n^3 + n + 3}{n^3 + 2}$$

的分子、分母同除以 n^3，有

$$\lim_{n \to \infty} \frac{3n^3 + n + 3}{n^3 + 2} = \lim_{n \to \infty} \frac{3 + \dfrac{1}{n^2} + \dfrac{3}{n^3}}{1 + \dfrac{2}{n^3}} = \frac{\lim\limits_{n \to \infty}\left(3 + \dfrac{1}{n^2} + \dfrac{3}{n^3}\right)}{\lim\limits_{n \to \infty}\left(1 + \dfrac{2}{n^3}\right)}$$

$$= \frac{\lim\limits_{n \to \infty} 3 + \lim\limits_{n \to \infty} \dfrac{1}{n^2} + \lim\limits_{n \to \infty} \dfrac{3}{n^3}}{\lim\limits_{n \to \infty} 1 + \lim\limits_{n \to \infty} \dfrac{2}{n^3}} = \frac{3 + 0 + 0}{1 + 0} = 3.$$

例 2 求极限 $\lim\limits_{x \to 3} \dfrac{x - 3}{x^2 - 9}$.

解 $\lim\limits_{x \to 3} \dfrac{x - 3}{x^2 - 9} = \lim\limits_{x \to 3} \dfrac{x - 3}{(x - 3)(x + 3)} = \lim\limits_{x \to 3} \dfrac{1}{x + 3} = \dfrac{1}{6}$.

例 3 求极限 $\lim\limits_{x\to+\infty}(\sqrt{1+x}-\sqrt{x})$.

解
$$\lim\limits_{x\to+\infty}(\sqrt{1+x}-\sqrt{x})=\lim\limits_{x\to+\infty}\frac{(\sqrt{1+x}-\sqrt{x})(\sqrt{1+x}+\sqrt{x})}{\sqrt{1+x}+\sqrt{x}}$$
$$=\lim\limits_{x\to+\infty}\frac{1}{\sqrt{1+x}+\sqrt{x}}$$
$$=0.$$

2.1.2 无穷小量与无穷大量

1. 无穷小的概念

在一个极限过程中，以零为极限的变量称为这个极限过程中的**无穷小（量）**. 以无穷大为极限的变量称为这个极限过程中的**无穷大（量）**.

例如，$x-1$ 是 $x\to 1$ 时的无穷小，$\dfrac{1}{x}$ 是 $x\to\infty$ 时的无穷小.

应该注意，无穷小是变化过程中趋于零的变量，不能把它与很小的常数混为一谈. 由无穷小的定义，可以得出无穷小的以下三个性质.

(1) 无穷大的倒数是无穷小，非零无穷小的倒数是无穷大.

(2) 有限个无穷小之和、积仍为无穷小.

(3) 无穷小量与有界量的乘积仍为无穷小.

其中性质 (3) 可以用来计算极限值.

例 4 求极限 $\lim\limits_{x\to\infty}\dfrac{\sin x}{x}$.

解 由于当 $x\to\infty$ 时，$\lim\limits_{x\to\infty}\dfrac{1}{x}=0$，即 $\dfrac{1}{x}$ 是无穷小. 而 $|\sin x|\leqslant 1$，有界，故 $\lim\limits_{x\to\infty}\dfrac{\sin x}{x}=0$.

定理 2.2（极限与无穷小的关系） 在一个极限过程中，函数 $f(x)$ 以 A 为极限的充分必要条件是 $f(x)$ 与常数 A 相差无穷小，即

$$\lim\limits_{x\to a}f(x)=A\Leftrightarrow f(x)=A+\alpha \quad（无穷小），$$

证明 $\lim\limits_{x\to a}f(x)=A\Leftrightarrow\lim\limits_{x\to a}[f(x)-A]=0\Leftrightarrow f(x)=A+\alpha$（无穷小）.

例如，$\lim\limits_{x\to 0}\cos x=1$，即当 $x\to 0$ 时，$\cos x$ 和 1 相差无穷小.

2. 无穷小量的阶

无穷小量的阶是两个无穷小量趋近于 0 时，二者速度快慢的比较概念.

例如，当 x 趋近于 0 时，x, x^2, x^3 均是无穷小，但它们趋近于 0 的速度却不同. 显然 x^3 趋近于 0 的速度要比 x^2 趋近于 0 的速度快，x^2 趋近于 0 的速度要比 x 趋近于 0 的速度快.

定义 2.1　在自变量 x 趋近于 a 时，α, β 均为无穷小，

(1) 如果 $\lim\limits_{x \to a} \dfrac{\beta}{\alpha} = 0$，则称 β 是 α 的高阶无穷小，简记为 $\beta = o(\alpha)$.

(2) 如果 $\lim\limits_{x \to a} \dfrac{\beta}{\alpha} = \infty$，则称 β 是 α 的低阶无穷小.

(3) 如果 $\lim\limits_{x \to a} \dfrac{\beta}{\alpha} = C \neq 0$，则称 α 与 β 为同阶无穷小.

特别地，当 $C = 1$ 时，称 α 与 β 是等价无穷小，记为 $\alpha \sim \beta$.

由定义，当 x 趋近于 0 时，x^3 是 x^2 的高阶无穷小，x 是 x^2 的低阶无穷小，x 与 $2x$ 是同阶无穷小.

2.1.3　极限的存在准则及两个重要极限

函数极限中有两个重要的判定极限存在的定理，一个是在数列极限中比较常用的单调有界原理；另一个夹挤定理对于任何函数极限都适用.

定理 2.3（单调有界准则）　单调有界数列必有极限.

定理 2.4（两边夹挤准则）　如果

(i) 在极限点附近 $g(x) \leqslant f(x) \leqslant h(x)$；

(ii) $\lim\limits_{x \to a} g(x) = A$, $\lim\limits_{x \to a} h(x) = A$，

则

$$\lim_{x \to a} f(x) = A.$$

在求极限问题时，常会用到以下两个重要极限，其基本公式如下：

(1) $\lim\limits_{x \to 0} \dfrac{\sin x}{x} = 1$.

(2) $\lim\limits_{x \to \infty} \left(1 + \dfrac{1}{x}\right)^x = \mathrm{e}$ 或 $\lim\limits_{x \to 0}(1 + x)^{\frac{1}{x}} = \mathrm{e}$.

对于复合函数，有以下运算法则.

定理 2.5　设 $y = f(\varphi(x))$ 是 $y = f(u)$ 和 $u = \varphi(x)$ 复合而成的函数，且 $f(\varphi(x))$ 在 x_0 的某去心邻域内有定义，如果 $\lim\limits_{x \to x_0} \varphi(x) = u_0$，且在 x_0 的某去心邻域内 $\varphi(x) \neq u_0$，又 $\lim\limits_{u \to u_0} f(u) = A$，则

$$\lim_{x \to x_0} f(\varphi(x)) = \lim_{u \to u_0} f(u) = A.$$

例 5　计算 $\lim\limits_{x\to 0}\dfrac{x}{\tan x}$.

解　$\lim\limits_{x\to 0}\dfrac{x}{\tan x}=\lim\limits_{x\to 0}\dfrac{x}{\sin x}\cos x=1$.

例 6　计算 $\lim\limits_{x\to 0}\dfrac{1-\cos x}{2x^2}$.

解　$\lim\limits_{x\to 0}\dfrac{1-\cos x}{2x^2}=\lim\limits_{x\to 0}\dfrac{2\sin^2\dfrac{x}{2}}{2x^2}=\lim\limits_{x\to 0}\dfrac{\sin^2\dfrac{x}{2}}{4\left(\dfrac{x}{2}\right)^2}=\dfrac{1}{4}\lim\limits_{x\to 0}\left(\dfrac{\sin\dfrac{x}{2}}{\dfrac{x}{2}}\right)^2=\dfrac{1}{4}$.

例 7　求 $\lim\limits_{x\to 0}(1+\sin x)^{\frac{1}{3x}}$.

解　$\lim\limits_{x\to 0}(1+\sin x)^{\frac{1}{3x}}=\lim\limits_{x\to 0}(1+\sin x)^{\frac{1}{\sin x}\cdot\frac{\sin x}{3x}}=\mathrm{e}^{\frac{1}{3}}$.

例 8　求 $\lim\limits_{x\to\infty}\left(\dfrac{x}{1+x}\right)^{x}$.

解　$\lim\limits_{x\to\infty}\left(\dfrac{x}{1+x}\right)^{x}=\lim\limits_{x\to\infty}\dfrac{1}{\left(1+\dfrac{1}{x}\right)^{x}}=\dfrac{1}{\mathrm{e}}$.

习　题　2.1

1. 观察下列数列，指出变化趋势——极限.

(1) $x_n=2+\dfrac{1}{n^2}$；

(2) $x_n=(-1)^n n$；

(3) $x_n=\dfrac{n-1}{n+1}$；

(4) $x_n=\dfrac{1}{n}\sin\dfrac{\pi}{n}$.

2. 求下列极限.

(1) $\lim\limits_{n\to\infty}\left(1+\dfrac{1}{2}+\dfrac{1}{4}+\cdots+\dfrac{1}{2^n}\right)$；

(2) $\lim\limits_{n\to\infty}\dfrac{1+2+3+\cdots+(n-1)}{n^2}$；

(3) $\lim\limits_{n\to\infty}\left[\dfrac{1}{1\cdot 2}+\dfrac{1}{2\cdot 3}+\cdots+\dfrac{1}{n(n+1)}\right]$；

(4) $\lim\limits_{n\to\infty}(\sqrt{2}\cdot\sqrt[4]{2}\cdot\sqrt[8]{2}\cdots\sqrt[2^n]{2})$；

(5) $\lim\limits_{x\to -1}\dfrac{x^2+2x+5}{x^2+1}$；

(6) $\lim\limits_{x\to 1}\dfrac{x^2-2x+1}{x^2-1}$；

(7) $\lim\limits_{x\to 0}\dfrac{(x+h)^2-x^2}{h}$；

(8) $\lim\limits_{x\to\infty}\dfrac{x^2-1}{2x^2-x-1}$；

(9) $\lim\limits_{x\to\infty}\dfrac{(3x-1)^{25}(2x-1)^{20}}{(2x+1)^{45}}$;

(10) $\lim\limits_{x\to 1}\left(\dfrac{1}{1-x}-\dfrac{3}{1-x^3}\right)$;

(11) $\lim\limits_{x\to\infty}(\sqrt{x^2+1}-\sqrt{x^2-1})$;

(12) $\lim\limits_{x\to 8}\dfrac{\sqrt{1-x}-3}{2+\sqrt[3]{x}}$.

3．求下列极限.

(1) $\lim\limits_{x\to 0}\dfrac{\sin kx}{x}$;

(2) $\lim\limits_{x\to 0}\dfrac{x+x^2}{\tan 2x}$;

(3) $\lim\limits_{x\to 0^+}\dfrac{\sin^2\sqrt{x}}{x}$;

(4) $\lim\limits_{x\to n\pi}\dfrac{\sin x}{x-n\pi}$ (n 为正整数) ;

(5) $\lim\limits_{x\to\infty}x\arcsin\dfrac{1}{x}$;

(6) $\lim\limits_{x\to 0}\dfrac{\sin 2x}{\sqrt{x+2}-\sqrt{2}}$;

(7) $\lim\limits_{x\to 0}(1-3x)^{\frac{1}{x}}$;

(8) $\lim\limits_{x\to 0}(1+\tan x)^{\frac{1}{\sin x}}$;

(9) $\lim\limits_{x\to +\infty}\left(\dfrac{2x-1}{2x+1}\right)^x$;

(10) $\lim\limits_{x\to\infty}\left(\dfrac{x}{1+x}\right)^x$.

4．求下列极限.

(1) $\lim\limits_{n\to\infty}\left[\dfrac{1}{n^2}+\dfrac{1}{(n+1)^2}+\cdots+\dfrac{1}{(2n)^2}\right]$;

(2) $\lim\limits_{n\to\infty}\left(\dfrac{1}{\sqrt{n^2+1}}+\dfrac{1}{\sqrt{n^2+2}}+\cdots+\dfrac{1}{\sqrt{n^2+n}}\right)$.

5．已知 $\lim\limits_{x\to\pi}f(x)$ 存在，且 $f(x)=\cos x+2\sin\dfrac{x}{2}\cdot\lim\limits_{x\to\pi}f(x)$ ，则 $f(x)=$ _____ .

6．已知 $\lim\limits_{x\to\infty}\left(\dfrac{x+a}{x-a}\right)^x=9$ ，求常数 a .

2.2　函数的连续

2.2.1　连续函数的定义

自然界中许多事物的变化是连续的，如时间变化很少时，气温变化也很小. 矩形长度变化很小时，面积变化也很小. 函数的连续性，就是对于这种渐变性的数学描述.

设函数 $y=f(x)$ 在 x_0 的某邻域内有定义，当自变量从 x_0 变到 x 时，函数随着从 $f(x_0)$ 变到 $f(x)$. 称差 $\Delta x=x-x_0$ 为**自变量在 x_0 处的增量**，称差

$$\Delta y=f(x)-f(x_0)=f(x_0+\Delta x)-f(x_0) \tag{1}$$

为函数(对应)的增量. 显然当 x_0 固定时, 函数增量是自变量增量的函数. 自变量增量与函数增量的几何意义如图 2.1 所示.

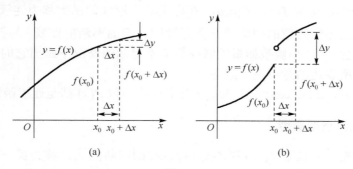

图 2.1

定义 2.2　设 $y = f(x)$ 在 x_0 的某去心邻域上有定义, 如果 $f(x)$ 在 x_0 处也有定义, 且

$$\lim_{\Delta x \to 0} \Delta y = 0 , \tag{2}$$

则称函数 $y = f(x)$ 在点 x_0 处**连续**, 并称 x_0 是 $f(x)$ 的**连续点**. 否则, 称 x_0 是函数 $f(x)$ 的**间断点**.

图 2.1(a) 中, x_0 点是连续点; (b) 中, x_0 点是间断点. 函数的连续反映一种连绵不断的变化状态: 自变量的微小变动只能引起函数值的微小变动.

式(2)等价于

$$\lim_{x \to x_0} f(x) = f(x_0) . \tag{3}$$

式(3)也是函数 $f(x)$ 在 x_0 处连续的定义. 由此可见, 若 $f(x)$ 在 x_0 处连续, 则 $x \to x_0$ 时有极限, 且等于 $f(x_0)$. 但有极限却不能保证连续, 即有如下关系:

$$\boxed{连续} \quad \underset{\not\Leftarrow}{\Rightarrow} \quad \boxed{有极限}$$

例如, $y = \dfrac{x^2 - 1}{x - 1}$, 当 $x \to 1$ 时有极限为 2, 但它在 $x = 1$ 处不连续, 因为当 $x = 1$ 时函数无定义.

式(3)又等价于

$$f(x_0^-) = f(x_0^+) = f(x_0). \tag{4}$$

如果 $f(x_0^-) = f(x_0)$, 则说 $f(x)$ 在 x_0 处左连续; 如果 $f(x_0^+) = f(x_0)$, 则说 $f(x)$ 在 x_0 处右连续. 图 2.1(b) 中函数 $f(x)$ 在 x_0 处左连续, 但不右连续. 显然 $f(x)$ 在 x_0 处连续的充要条件是它在 x_0 处左、右都连续.

如果 $f(x)$ 在区间 (a,b) 内每一点处都连续，则说 $f(x)$ 在开区间 (a,b) 内连续，记为 $f(x) \in C(a,b)$. 如果 $f(x) \in C(a,b)$ ，且 $f(a^+) = f(a)$, $f(b^-) = f(b)$ ，则说 $f(x)$ 在闭区间 $[a,b]$ 上连续，记为 $f(x) \in C[a,b]$. 在定义域上连续的函数称为**连续函数**.

一个区间上连续函数的图形是一条无缝隙、连绵不断的曲线. 与初等函数中所给出的直观概念："一个函数如果能够在铅笔不提起的情况下画出它的图像，那么它就是连续的"所表达的意思是一致的.

事实上：x^μ, $\sin x$, $\cos x$, a^x, $\log_a x$ 及多项式函数 $P(x)$ 都是连续函数.

2.2.2　函数间断点的类型

第一类　左、右极限 $f(x_0^-)$ 和 $f(x_0^+)$ 都存在的间断点 x_0 ，称为**第一类间断点**.

（1）$f(x_0^-) \neq f(x_0^+)$ ，即左、右极限都存在，但不相等. 不管在 x_0 处函数是否有定义，这种第一类间断点称为**跳跃间断点**.

（2）$f(x_0^-) = f(x_0^+)$ ，但不等于 $f(x_0)$ 或 $f(x_0)$ 不存在，即有极限而不连续. 这种第一类间断点称为**可去间断点**.

第二类　左、右极限至少有一个不存在的间断点，称为**第二类间断点**.

例 1　已知函数

$$f(x) = \begin{cases} \dfrac{\sin x}{x}, & x < 0, \\ 1, & x = 0, \end{cases}$$

讨论函数 $f(x)$ 在 $x = 0$ 处的连续性.

解　因为

$$\lim_{x \to 0} f(x) = \lim_{x \to 0} \frac{\sin x}{x} = 1 = f(0),$$

由定义，$f(x)$ 在 $x = 0$ 处连续.

例 2　讨论函数 $f(x) = \dfrac{2}{1 + e^{1/(x-1)}}$ 在 $x = 0$ 处的连续性.

解　因为

$$\lim_{x \to 1^-} f(x) = \lim_{x \to 1^-} \frac{2}{1 + e^{1/(x-1)}} = 2 ,$$

$$\lim_{x \to 1^+} f(x) = \lim_{x \to 1^+} \frac{2}{1 + e^{1/(x-1)}} = 0 ,$$

所以 $x = 1$ 是函数第一类间断点中的跳跃间断点（图 2.2）.

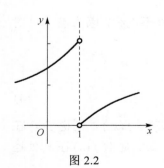

图 2.2

例 3　因为 $\lim\limits_{x \to \frac{\pi}{2}} \tan x = +\infty$，所以 $x = \dfrac{\pi}{2}$ 是函数 $\tan x$ 的第二类间断点. 由于 $x \to \dfrac{\pi}{2}$ 时，曲线伸向无穷远，所以 $x = \dfrac{\pi}{2}$ 也称为无穷间断点.

例 4　因为 $\lim\limits_{x \to 0^+} \sin\dfrac{1}{x}$ 不存在，所以 $x = 0$ 是 $\sin\dfrac{1}{x}$ 的第二类间断点. 在 $x = 0$ 附近，函数 $f(x) = \sin\dfrac{1}{x}$ 的图形在 -1 与 1 之间反复振荡，所以 $x = 0$ 也称为**振荡间断点**(图 2.3).

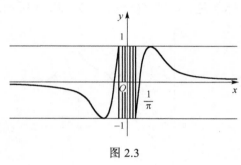

图 2.3

2.2.3　连续函数的性质

判定函数的连续性最基本的方法是用定义判定. 下面介绍几个常用的定理，以便从已知函数的连续性来推断它们构成的函数的连续性.

定理 2.6　如果 $f(x)$ 和 $g(x)$ 都在点 x_0 处连续，则

$$f(x) \pm g(x),\quad f(x)g(x),\quad \frac{f(x)}{g(x)}\quad (g(x_0) \neq 0)$$

都在 x_0 处连续.

定理 2.7　连续函数的复合函数也连续，即如果 $u = \varphi(x)$ 在点 x_0 处连续，$u_0 = \varphi(x_0)$，又 $y = f(u)$ 在点 u_0 处连续，则复合函数 $y = f(\varphi(x))$ 在点 x_0 处也连续.

例如，因为函数 $\dfrac{1}{x}$ 在 $x \neq 0$ 处处处连续，所以复合函数 $y = \sin\dfrac{1}{x}$ 在 $x \neq 0$ 处处处连续.

定理 2.8　初等函数在其有定义的"区间内"处处连续.

如果函数在闭区间上是连续的，则函数具有一些更为有用的性质.

定理 2.9(有界性)　闭区间上连续函数必有界.

定理 2.10(最大最小值存在定理)　闭区间上连续函数必有最小值和最大值.

开区间上的连续函数或闭区间内有间断点的函数都不一定有界，不一定有最大值和最小值. 比如，$x^2 \in C(-1,1)$，在 $(-1,1)$ 内 x^2 虽然有界，但无最大值. 函数 $\tan x$ 在闭区间 $[0,\pi]$ 上无界，也无最大值和最小值，因为 $x = \dfrac{\pi}{2}$ 是它的第二类间断点.

定理 2.11（零点存在定理） 设函数 $f(x)$ 在闭区间 $[a,b]$ 上连续，且 $f(a)f(b)<0$，则至少存在一点 $\xi \in (a,b)$，使得

$$f(\xi) = 0.$$

直观上，曲线上的动点从直线 $y=0$ 的一侧连续爬到另一侧，至少要通过直线 $y=0$ 一次，交点的横坐标就是 ξ，即 $f(\xi)=0$，如图 2.4 所示.

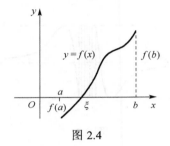

图 2.4

定理 2.12（介值定理） 闭区间上连续函数一定能取得介于最小值和最大值之间的任何值，即如果 $f(x) \in C[a,b]$，数值 μ 满足

$$\min_{x \in [a,b]} f(x) < \mu < \max_{x \in [a,b]} f(x),$$

则至少有一点 $\xi \in (a,b)$，使 $f(\xi) = \mu$.

这是定理 2.11 的推论. 介值定理实质上是说连续函数能取尽任何两个函数值之间的一切数值，这是连续的本性.

例 5 证明方程 $2x^5 - 6x + 2 = 0$ 在 $[0,1]$ 内至少有一个实数根.

证明 设 $f(x) = 2x^5 - 6x + 2$，则 $f(0) = 2 > 0, f(1) = -2 < 0$, 由零点定理，至少在 $[0,1]$ 内有一个点 m 存在，使得 $f(m)=0$，即方程在 $[0,1]$ 内至少有一个实数根.

习 题 2.2

1. 求下列函数的连续区间、间断点及其类型，如果是可去间断点，如何补充或修改这一点处函数的定义使它连续.

（1）$f(x) = (1+x)^{\frac{1}{x}} \ (x > -1)$；   （2）$f(x) = \dfrac{x}{\sin x}$；

(3) $f(x) = \dfrac{x^2 - x}{|x|(x^2 - 1)}$;

(4) $f(x) = \begin{cases} \dfrac{\sin x}{x}, & x < 0, \\ x^2 - 1, & x \geqslant 0; \end{cases}$

(5) $f(x) = (1 + \mathrm{e}^{\frac{1}{x}}) / (2 - 3\mathrm{e}^{\frac{1}{x}})$.

2．对函数 $f(x) = \arctan\dfrac{1}{x}$ ，能否在 $x = 0$ 处补充定义函数值，使函数连续？为什么？

3．设

$$f(x) = \begin{cases} 1 + x^2, & x < 0, \\ a, & x = 0, \\ \dfrac{\sin bx}{x}, & x > 0, \end{cases}$$

试问：（1）a, b 为何值时， $\lim\limits_{x \to 0} f(x)$ 存在？（2）a, b 为何值时， $f(x)$ 在 $x = 0$ 处连续？

4．若函数 $f(x)$, $g(x)$ 都在 $x = x_0$ 点处不连续，问 $f(x) + g(x)$, $f(x) \cdot g(x)$ 是否在 $x = x_0$ 点处也不连续.

5．证明方程 $x2^x = 1$ 至少有一个小于1的正根.

极限理论的奠基人——柯西、魏尔斯特拉斯

1. 数学家柯西

柯西(Cauchy, 1789—1857)是法国数学家、物理学家、天文学家. 19世纪初期，微积分已发展成一个庞大的分支，内容丰富，应用非常广泛. 与此同时，微积分的薄弱之处也越来越暴露出来，其理论基础并不严格. 为解决新问题并澄清微积分概念，数学家展开了数学分析严谨化的工作，在分析基础的奠基工作中，做出卓越贡献的要首推伟大的数学家柯西.

柯西1789年8月21日出生于巴黎. 父亲是一位精通古典文学的律师，与当时法国的大数学家拉格朗日与拉普拉斯交往密切. 柯西少年时代的数学才华颇受这两位数学家的赞赏，并预言柯西日后必成大器. 拉格朗日向其父建议"赶快给柯西一种坚实的文学教育"，以便他的爱好不致把他引入歧途. 父亲因此加强了对柯西的文学教育，使他在诗歌方面也表现出很高的才华.

1807年至1810年柯西在工学院学习，曾当过交通道路工程师. 由于身体欠佳，接受了拉格朗日和拉普拉斯的劝告，放弃工程师而致力于纯数学的研究. 柯西在数学上的最大贡献是在微积分中引进了极限概念，并以极限为基础建立了逻辑清晰的分析体系. 这是微积分发展史上的精华，也是柯西对人类科学发展所做的巨大贡献.

1821年柯西提出极限定义的方法，把极限过程用不等式来刻画，后经魏尔斯特拉斯改进，成为现在所说的柯西极限定义或称为 ε-δ 定义. 当今所有微积分的教科书都还(至少是在本质上)沿用着柯西等关于极限、连续、导数、收敛等概念的定义. 他对微积分的解释被后人普遍采用. 柯西对定积分作了最系统的开创性工作，他把定积分定义为和的"极限". 在定积分运算之前，强调必须确立积分的存在性. 他利用中值定理首先严格证明了微积分基本定理. 通过柯西以及后来魏尔斯特拉斯的艰苦工作，数学分析的基本概念得到严格的论述，从而结束微积分二百年来思想上的混乱局面，把微积分及其推广从对几何概念、运动和直观了解的完全依赖中解放出来，并使微积分发展成现代数学最基础最庞大的数学学科.

数学分析严谨化的工作一开始就产生了很大的影响. 在一次学术会议上柯西提出了级数收敛性理论. 会后，拉普拉斯急忙赶回家中，根据柯西的严谨判别法，逐一检查其巨著《天体力学》中所用到的级数是否都收敛.

　　柯西在其他方面的研究成果也很丰富. 复变函数的微积分理论就是由他创立的. 在代数、理论物理、光学、弹性理论方面，也有突出贡献. 柯西的数学成就不仅辉煌，而且数量惊人. 柯西全集有 27 卷，其论著有 800 多篇，在数学史上是仅次于欧拉的多产数学家. 他的光辉名字与许多定理、准则一起铭记在当今许多教材中.

　　作为一位学者，他思路敏捷，功绩卓著. 从柯西卷帙浩繁的论著和成果，人们不难想象他一生是怎样孜孜不倦地勤奋工作. 但柯西却是个具有复杂性格的人. 他是忠诚的保王党人，热心的天主教徒，落落寡合的学者. 尤其作为久负盛名的科学泰斗，他常常忽视青年学者的创造. 例如，由于柯西"失落"了才华出众的年轻数学家阿贝尔与伽罗华的开创性的论文手稿，造成群论晚问世约半个世纪.

　　1857 年 5 月 23 日柯西在巴黎病逝. 他临终的一句名言"人总是要死的，但是，他们的业绩永存"，长久地叩击着一代又一代学子的心扉.

　　柯西在纯数学和应用数学的功力是相当深厚的，在数学写作上，他被认为是在数量上仅次于欧拉的人，他一生一共著作了 789 篇论文和几本书，其中有些还是经典之作，不过并不是他所有的创作质量都很高，因此他还曾被人批评高产而轻率，这点倒是与数学王子相反，据说，法国科学院"会刊"创刊的时候，由于柯西的作品实在太多，以致科学院要负担很大的印刷费用，超出科学院的预算，因此，科学院后来规定论文最长的只能有四页，所以，柯西较长的论文只得投稿到其他地方.

2. 数学家魏尔斯特拉斯

　　魏尔斯特拉斯(Weierstrass)德国数学家，1815 年 10 月 31 日生于德国威斯特伐利亚地区的奥斯登费尔特，1897 年 2 月 19 日卒于柏林.

　　魏尔斯特拉斯的父亲威廉是一名政府官员，受过高等教育，颇具才智，但对子女相当专横. 魏尔斯特拉斯 11 岁时丧母，翌年其父再婚. 他有一弟二妹；两位妹妹终身未嫁，后来一直在生活上照料终身未娶的魏尔斯特拉斯. 威廉要孩子长大后进入普鲁士高等文官阶层，因而于 1834 年 8 月把魏尔斯特拉斯送往波恩大学攻读财务与管理，使其学到充分的法律、经济和管理知识，为谋得政府高级职位创造条件. 魏尔斯特拉斯不喜欢父亲所选专业，立志终身研究数学，并令人惊讶地放弃成为法学博士候选人，因此在离开波恩大学时，他没有取得学位. 在父亲的一位朋友的建议下，他被送到一所神学哲学院，然后参加中学教师资格国家考试，考试通过后在中学任教，其间，他写了 4 篇直到他的全集刊印时才问世的论文，这些论文已显示了他建立函数论的基本思想和结构.

　　1853 年夏他在父亲家中度假，研究阿贝尔和雅可比留下的难题，精心写作关于阿贝尔函数的论文. 这就是 1854 年发表于《克雷尔杂志》上的《阿贝尔函数论》. 这篇出自一个名不见经传的中学教师的杰作，引起数学界瞩目. 1855 年秋，魏尔斯特拉斯被提升为高级教师并享受一年研究假期. 1856 年 6 月 14 日，柏林皇家综合科学校任命他为数学教授；在 E.E.库默尔的推荐下，柏林大学聘任他为副教授，他接受了聘书. 11 月 19 日，他当选为柏林科学院院士. 1864 年成为柏林大学教授.

在柏林大学就任后，魏尔斯特拉斯立即着手系统建立数学分析基础，并进一步研究椭圆函数论与阿贝尔函数论. 这些工作主要是通过他在该校讲授的大量课程完成的. 几年后他就名闻名遐迩，成为德意志以至欧洲知名度最高的数学教授. 1873 年他出任柏林大学校长，从此成为大忙人. 除教学外，公务占去了他几乎全部时间，使他疲乏不堪. 紧张的工作影响了他的健康，但其智力未见衰退. 他的 70 年寿诞庆典规模颇大，遍布欧洲的学生赶来向他致敬. 10 年后 80 大寿庆典更加隆重，在某种程度上他简直被看成德意志的民族英雄. 1897 年年初，他染上流行性感冒，后转为肺炎，终至不治，于 2 月 19 日溘然上逝，享年 82 岁. 除柏林科学院外，魏尔斯特拉斯还是格丁根皇家科学学会会员(1856)、巴黎科学院院士(1868)、英国皇家学会会员(1881). 魏尔斯特拉斯是数学分析算术化的完成者、解析函数论的奠基人，无与伦比的大学数学教师.

本文选自：http://baike.baidu.com/view/22645.htm.

第 3 章　一元微分学

导数概念是变量的变化速度在数学上的抽象，是微分学中的重要概念. 在生产实践和科学研究中，常常要考虑以下两个基本问题：

(1)函数随自变量的变化速度问题，即函数对自变量的变化率问题.

(2)自变量的微小变化导致函数变化多少的问题.

这就是本章首先所要讨论的两个概念：导数与微分. 在给出它们的概念及计算方法后，借助导数来研究函数，可以分析讨论函数的很多性质，并得到微分学中很多重要的结论. 这些结论构成了整个微分学的理论，它主要包含中值定理和洛必达法则等结论.

3.1　导数与微分

3.1.1　导数的定义

1. 实际例子

例 1　直线运动的速度问题：质点做直线运动，已知路程 s 与时间 t 的函数关系 $s = s(t)$，试确定 t_0 时的速度 $v(t_0)$.

从时刻 t_0 到 $t_0 + \Delta t$，质点走过的路程

$$\Delta s = s(t_0 + \Delta t) - s(t_0),$$

这段时间内的平均速度

$$\overline{v}(\Delta t) = \frac{\Delta s}{\Delta t}.$$

若运动是匀速的，平均速度就等于质点在每个时刻的速度.

若运动是非匀速的，平均速度 $\overline{v}(\Delta t)$ 是这段时间内运动快慢的平均值，Δt 越小，它越近似地表示 t_0 时运动的快慢. 因此，人们把 t_0 时的速度 $v(t_0)$ 定义为

$$v(t_0) = \lim_{\Delta t \to 0} \frac{\Delta s}{\Delta t} = \lim_{\Delta t \to 0} \frac{s(t_0 + \Delta t) - s(t_0)}{\Delta t},$$

并称为 t_0 时的**瞬时速度**.

例 2　平面曲线的切线斜率：设有一平面曲线 c，其方程为 $y = f(x)$，试确定曲线 c 在点 $M_0(x_0, f(x_0))$ 处的切线的斜率.

什么是曲线 c 在点 M_0 处的切线呢？ 在曲线 c 上任取一个异于 M_0 的点 $M(x_0 + \Delta x,\ y_0 + \Delta y)$，过 M_0，M 的直线称为曲线 c 的割线. 当点 M 沿曲线 c 趋向于点 M_0 时，若割线 M_0M 有极限位置 M_0T，则称直线 M_0T 为曲线 c 在点 M_0 处的切线（图 3.1）.

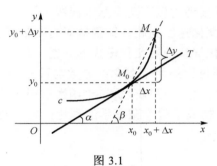

图 3.1

割线 M_0M 的斜率为

$$\tan\beta = \frac{\Delta y}{\Delta x} = \frac{f(x_0 + \Delta x) - f(x_0)}{\Delta x},$$

其中 β 为割线 M_0M 的倾仰角.

当点 M 沿曲线 c 趋向 M_0 时，即 $\Delta x \to 0$ 时，$\beta \to \alpha$，于是切线 M_0T 的斜率 k 为

$$k = \tan\alpha = \lim_{\Delta x \to 0} \frac{\Delta y}{\Delta x}$$

$$= \lim_{\Delta x \to 0} \frac{f(x_0 + \Delta x) - f(x_0)}{\Delta x}.$$

例 3　经济问题中的变化率问题：在经济问题的研究中，人们常常关心某一项经济指标的变化率（变化速度），例如，经济增长率、人口增长率、资金利税率，以及产品利润率等. 现以产品总利润变化率问题为例说明这类问题的表示方法.

作为产量 x 的函数，总利润函数为

$$L = L(x),$$

当产量从 x_0 变为 $x_0 + \Delta x$ 时，总利润的改变量为

$$\Delta L = L(x_0 + \Delta x) - L(x_0).$$

平均变化率

$$\frac{\Delta L}{\Delta x} = \frac{L(x_0 + \Delta x) - L(x_0)}{\Delta x}.$$

产量的改变量 Δx 越接近产量等于 x_0 时的变化率，它的精确值取为 $\Delta x \to 0$ 时的极限：
$\lim\limits_{\Delta x \to 0} \dfrac{\Delta L}{\Delta x}$. 当这个极限存在时，我们认为总利润变化率在产量为 x_0 时存在.

　　上面三个例子，尽管自变量与函数所表示的意义是不同的学科领域——物理学、几何学及经济学，但从数学运算的角度来看，实质上是一样的. 这就是：①给自变量以任意增量并算出函数的增量；②作出函数的增量与自变量增量的比值；③求出当自变量的增量趋向于零时这个比值的极限. 在实际中，还有许多其他涉及变化率的问题都可归结为这类运算.

　　2. 导数定义

　　定义 3.1　设函数 $y = f(x)$ 在 x_0 的某邻域内有定义，当自变量从 x_0 变到 $x_0 + \Delta x$ 时，函数 $y = f(x)$ 的增量
$$\Delta y = f(x_0 + \Delta x) - f(x_0)$$
与自变量的增量 Δx 之比
$$\frac{\Delta y}{\Delta x} = \frac{f(x_0 + \Delta x) - f(x_0)}{\Delta x},$$
称为 $f(x)$ 的平均变化率. 如果 $\Delta x \to 0$ 时，平均变化率的极限
$$\lim_{\Delta x \to 0} \frac{\Delta y}{\Delta x} = \lim_{\Delta x \to 0} \frac{f(x_0 + \Delta x) - f(x_0)}{\Delta x} \tag{1}$$
存在，则称 $f(x)$ 在 x_0 处**可导**或**有导数**，并称此极限值为函数 $f(x)$ 在 x_0 处的导数. 可用下列记号
$$y'|_{x=x_0}, \quad f'(x_0), \quad \frac{\mathrm{d}y}{\mathrm{d}x}\Big|_{x=x_0}, \quad \frac{\mathrm{d}f}{\mathrm{d}x}\Big|_{x=x_0}$$
中的任何一个表示，如
$$f'(x_0) = \lim_{\Delta x \to 0} \frac{f(x_0 + \Delta x) - f(x_0)}{\Delta x}.$$
若记 $x_0 + \Delta x = x$，则 $f(x)$ 在 x_0 处的导数可写为
$$f'(x_0) = \lim_{x \to x_0} \frac{f(x) - f(x_0)}{x - x_0}.$$

　　当极限式 (1) 不存在时，就说函数 $f(x)$ 在 x_0 处不可导或导数不存在. 特别当式 (1) 的极限为正 (负) 无穷大时，有时也说在 x_0 处导数是正 (负) 无穷大，但这时导数不存在.

　　由例 2 可知，导数 $f'(x_0)$ 的几何意义是曲线 $y = f(x)$ 在点 $M_0(x_0, y_0)$ 处的切线斜

率. 于是曲线 $y = f(x)$ 在点 M_0 的切线方程为

$$y - f(x_0) = f'(x_0)(x - x_0).$$

若 $f'(x_0) \neq 0$，则法线方程为

$$y - f(x_0) = -\frac{1}{f'(x_0)}(x - x_0).$$

在导数定义中，自变量的改变量 Δx 的符号不受限制，但有时也需要考虑 Δx 仅为正或仅为负的情形.

定义 3.2 若极限

$$\lim_{\Delta x \to 0^-} \frac{\Delta y}{\Delta x} = \lim_{\Delta x \to 0^-} \frac{f(x_0 + \Delta x) - f(x_0)}{\Delta x}$$

$$\left(\lim_{\Delta x \to 0^+} \frac{\Delta y}{\Delta x} = \lim_{\Delta x \to 0^+} \frac{f(x_0 + \Delta x) - f(x_0)}{\Delta x} \right)$$

存在，则称函数 $f(x)$ **在点 x_0 处左（右）可导**，其极限值为函数 $f(x)$ 在点 x_0 处的**左（右）导数**，记为 $f'_-(x_0)\,(f'_+(x_0))$.

显然，函数 $f(x)$ 在点 x_0 处可导的充要条件是 $f(x)$ 在 x_0 处的左、右导数都存在且相等. 这时

$$f'_-(x_0) = f'_+(x_0) = f'(x_0).$$

可导与连续有什么关系呢？我们有如下定理.

定理 3.1 如果函数 $f(x)$ 在 x_0 处有导数 $f'(x_0)$，则 $f(x)$ 在 x_0 处必连续.

事实上，因 $\Delta y = \frac{\Delta y}{\Delta x} \cdot \Delta x (\Delta x \neq 0)$，故

$$\lim_{\Delta x \to 0} \Delta y = \lim_{\Delta x \to 0} \frac{\Delta y}{\Delta x} \cdot \lim_{\Delta x \to 0} \Delta x = f'(x_0) \cdot 0 = 0.$$

但是函数的连续性不能保证可导性.

例 4 试证函数 $y = |x|$ 在 $x = 0$ 处连续，但不可导.

证明 因为

$$\Delta y = f(0 + \Delta x) - f(0) = |\Delta x|,$$

显然当 $\Delta x \to 0$ 时，$\Delta y \to 0$，即 $y = |x|$ 在 $x = 0$ 处连续，但由于

$$f'_-(0) = \lim_{\Delta x \to 0^-} \frac{\Delta y}{\Delta x} = \lim_{\Delta x \to 0^-} \frac{|\Delta x|}{\Delta x} = -1,$$

$$f'_+(0) = \lim_{\Delta x \to 0^+} \frac{\Delta y}{\Delta x} = \lim_{\Delta x \to 0^+} \frac{|\Delta x|}{\Delta x} = 1,$$

故 $y=|x|$ 在 $x=0$ 处不可导. 几何上易知曲线 $y=|x|$ 在 $(0, 0)$ 处无切线 (图 3.2).

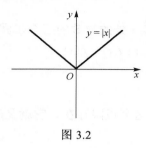

图 3.2

例 5　试证函数

$$f(x)=\begin{cases} x\sin\dfrac{1}{x}, & x\neq 0, \\ 0, & x=0 \end{cases}$$

在 $x=0$ 处连续, 但不可导.

证明　因为

$$\lim_{x\to 0} f(x)=\lim_{x\to 0} x\sin\frac{1}{x}=0=f(0),$$

所以函数在 $x=0$ 处连续. 又因为

$$\frac{\Delta y}{\Delta x}=\frac{f(\Delta x)-f(0)}{\Delta x}=\frac{\Delta x\sin\dfrac{1}{\Delta x}}{\Delta x}=\sin\frac{1}{\Delta x}$$

当 $\Delta x\to 0$ 时, 无极限, 所以函数在 $x=0$ 处不可导. □

定义 3.3　如果函数 $y=f(x)$ 在区间内每一点处都有导数, 则说 $f(x)$ 在区间 (a, b) 内可导, 简记为 $f(x)\in D(a, b)$. 这时对 (a, b) 内每一个点 x 都有一个确定的导数值

$$f'(x)=\lim_{\Delta x\to 0}\frac{f(x+\Delta x)-f(x)}{\Delta x}$$

与之对应, 故在区间 (a, b) 内确定一个新函数, 称为函数 $y=f(x)$ 的**导函数**, 记为 $f'(x)$, y', $\dfrac{\mathrm{d}y}{\mathrm{d}x}$ 或 $\dfrac{\mathrm{d}f}{\mathrm{d}x}$, 即

$$f'(x)=\lim_{\Delta x\to 0}\frac{f(x+\Delta x)-f(x)}{\Delta x}, \quad x\in(a, b).$$

显然, 导函数 $f'(x)$ 在 x_0 处的值, 就是函数 $f(x)$ 在 x_0 处的导数, 即

$$f'(x)|_{x=x_0}=f'(x_0).$$

所以人们习惯地将导函数简称为**导数**.

3.1.2　导数的基本公式

用定义求函数 $y = f(x)$ 在点 x 处的导数的三个步骤是：

(i) 计算函数的增量 $\Delta y = f(x + \Delta x) - f(x)$；

(ii) 求平均变化率 $\dfrac{\Delta y}{\Delta x}$；

(iii) 取极限 $\lim\limits_{\Delta x \to 0} \dfrac{\Delta y}{\Delta x}$，如果这个极限存在，它就是所求的导数 $f'(x)$.

(1) 常数 $y = C$ 的导数为零

$$\Delta y = C - C = 0，$$

$$\frac{\Delta y}{\Delta x} = \frac{0}{\Delta x} = 0，$$

$$(C)' = \lim_{\Delta x \to 0} \frac{\Delta y}{\Delta x} = 0.$$

(2) 幂函数 $y = x^{\mu}$ 的导数为 $\mu x^{\mu-1}$.

$$\Delta y = (x + \Delta x)^{\mu} - x^{\mu} = x^{\mu}\left[\left(1 + \frac{\Delta x}{x}\right)^{\mu} - 1\right]，$$

$$\frac{\Delta y}{\Delta x} = x^{\mu} \frac{\left(1 + \dfrac{\Delta x}{x}\right)^{\mu} - 1}{\Delta x} = x^{\mu-1} \frac{\left(1 + \dfrac{\Delta x}{x}\right)^{\mu} - 1}{\dfrac{\Delta x}{x}}，$$

$$(x^{\mu})' = \lim_{\Delta x \to 0} \frac{\Delta y}{\Delta x} = \mu x^{\mu-1}.$$

(3) 正弦函数 $y = \sin x$ 的导数为 $\cos x$，余弦函数 $y = \cos x$ 的导数是 $-\sin x$.

$$\Delta y = \sin(x + \Delta x) - \sin x = 2\cos\left(x + \frac{\Delta x}{2}\right)\sin\frac{\Delta x}{2}，$$

$$\frac{\Delta y}{\Delta x} = 2\cos\left(x + \frac{\Delta x}{2}\right)\frac{\sin\dfrac{\Delta x}{2}}{\Delta x}，$$

利用 $\cos x$ 的连续性及重要极限得到

$$(\sin x)' = \lim_{\Delta x \to 0} \frac{\Delta y}{\Delta x} = \cos x.$$

正弦函数的导数是余弦函数.

类似地可推出，余弦函数的导数是负的正弦函数：

$$(\cos x)' = -\sin x.$$

(4) 指数函数 $y = a^x (a > 0,\ a \neq 1)$ 的导数为 $a^x \ln a$.

$$\Delta y = a^{x+\Delta x} - a^x = a^x(a^{\Delta x} - 1),$$

$$\frac{\Delta y}{\Delta x} = a^x \frac{a^{\Delta x} - 1}{\Delta x},$$

于是有

$$(a^x)' = \lim_{\Delta x \to 0} \frac{\Delta y}{\Delta x} = a^x \ln a.$$

特别地，有

$$(\mathrm{e}^x)' = \mathrm{e}^x,$$

即以 e 为底的指数函数的导数等于它自己.

(5) 对数函数 $y = \log_a x\ (a > 0,\ a \neq 1)$ 的导数为 $\dfrac{1}{x \ln a}$.

$$\Delta y = \log_a(x + \Delta x) - \log_a x = \log_a\left(1 + \frac{\Delta x}{x}\right),$$

$$\frac{\Delta y}{\Delta x} = \frac{1}{x} \cdot \frac{x}{\Delta x} \log_a\left(1 + \frac{\Delta x}{x}\right) = \frac{1}{x} \log_a\left(1 + \frac{\Delta x}{x}\right)^{\frac{x}{\Delta x}},$$

于是有

$$(\log_a x)' = \lim_{\Delta x \to 0} \frac{\Delta y}{\Delta x} = \frac{1}{x \ln a}.$$

特别地，有

$$(\ln x)' = \frac{1}{x},$$

即自然对数的导数等于自变量的倒数.

我们把基本初等函数的导数公式列成下表，其中公式 (9) ~ 公式 (16) 将在后面几节给出证明. 请读者务必熟记这些公式.

(1) $(C)' = 0$ ；

(2) $(x^{\mu})' = \mu x^{\mu-1}$ ；

(3) $(a^x)' = a^x \ln a$ ；

(4) $(\mathrm{e}^x)' = \mathrm{e}^x$ ；

(5) $(\log_a x)' = \dfrac{1}{x \ln a}$ ；

(6) $(\ln x)' = \dfrac{1}{x}$ ；

(7) $(\sin x)' = \cos x$ ；

(8) $(\cos x)' = -\sin x$ ；

(9) $(\tan x)' = \dfrac{1}{\cos^2 x} = \sec^2 x$；

(10) $(\cot x)' = -\dfrac{1}{\sin^2 x} = -\csc^2 x$；

(11) $(\sec x)' = \sec x \tan x$；

(12) $(\csc x)' = -\csc x \cot x$；

(13) $(\arcsin x)' = \dfrac{1}{\sqrt{1-x^2}}$；

(14) $(\arccos x)' = -\dfrac{1}{\sqrt{1-x^2}}$；

(15) $(\arctan x)' = \dfrac{1}{1+x^2}$；

(16) $(\operatorname{arccot} x)' = -\dfrac{1}{1+x^2}$.

3.1.3　微分

1. 微分的定义

我们已经从变化率角度引进了函数 $y=f(x)$ 在点 x 处可导的概念，现在，要从另外一个角度来考察这个问题.

函数可导是指

$$\lim_{\Delta x \to 0} \frac{f(x_0 + \Delta x) - f(x_0)}{\Delta x} = A$$

存在，这意味着

$$\frac{f(x_0 + \Delta x) - f(x_0)}{\Delta x} = A + \alpha \quad (\text{无穷小}),$$

当 $\Delta x \to 0$ 时. 于是

$$f(x_0 + \Delta x) - f(x_0) = A\Delta x + \alpha\Delta x = A\Delta x + o(\Delta x). \qquad (*)$$

式 $(*)$ 表示什么意义呢？从直觉形象看，它表示在 x_0 的局部范围内可用直线

$$y = f(x_0) + A\Delta x$$

近似代替曲线 $y=f(x)$，俗称"以直代曲". 从数量关系看，它表示在 x_0 的局部范围内可用自变量增量 Δx 的线性函数

$$L(\Delta x) = A\Delta x$$

近似代替函数增量 $\Delta y = f(x_0 + \Delta x) - f(x_0)$，俗称"线性逼近".

从上面的分析看出，式 $(*)$ 深刻地反映了函数一种很好的性质，其中线性函数 $L(\Delta x) = A\Delta x$ 起着举足轻重的作用. 为此引进如下定义.

定义 3.4　设函数 $y=f(x)$ 在 x 附近有定义，若自变量从 x 变到 $x+\Delta x$ 时，函数的增量可表为 $\Delta y = A\Delta x + o(\Delta x)$ 的形式，其中 A 与 Δx 无关，则说函数 $f(x)$ 在 x 处**可微**，并把 $A\Delta x$ 称为函数 $y=f(x)$ 在 x 处的**微分**，记为 dy 或 d$f(x)$，即

$$\mathrm{d}y = A\Delta x.$$

　　我们规定：自变量 x 的微分等于自变量的增量 Δx，记为

$$dx = \Delta x.$$

于是

$$dy = A dx.$$

　　显然，在 x 处可微和可导是两个不同的概念，但由前面的叙述，很容易得到可微与可导是等价的. 基于这一原因，把可导说成可微，反之也对.

　　定理 3.2　函数 $y = f(x)$ 在点 x 处可微的充要条件是它在该点处的导数 $y' = f'(x)$ 存在. 此时有 $A = f'(x)$，即有

$$dy = f'(x) dx.$$

　　为了加深对微分概念的理解，我们来说明微分的几何意义. 如图 3.3 所示，PM 是曲线 $y = f(x)$ 在点 $P(x,\ f(x))$ 的切线，切线的斜率 $\tan\alpha = f'(x)$. 当横坐标由 x 变到 $x + \Delta x$ 时，有

$$QN = \Delta y = f(x + \Delta x) - f(x),$$

$$MN = \tan\alpha \cdot \Delta x = f'(x) dx = dy.$$

这表明，微分 dy 就是曲线过点 P 的切线 PM 的纵坐标的改变量.

　　图 3.3 中 QM 表示 Δy 与 dy 的差，它是比 Δx 高阶的无穷小，随着 $\Delta x \to 0$，QM 很快地趋向于零. 用微分 dy 代替改变量 Δy，其实质是在 x 的附近，用切线近似地表示曲线.

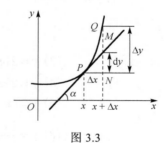

图 3.3

2. 微分运算

　　因为微分 dy 与导数 y' 只差一个因子 dx，所以微分运算和求导运算是相仿的，并统称为微分法. 由导数公式和运算法则，立刻就能得到微分公式.

　　(1) $dC = 0$；　　　　　　　　　　　　(2) $dx^\mu = \mu x^{\mu-1} dx$；

　　(3) $da^x = a^x \ln a \, dx$；　　　　　　　(4) $de^x = e^x dx$；

　　(5) $d(\log_a x) = \dfrac{dx}{x \ln a}$；　　　　　(6) $d(\ln x) = \dfrac{1}{x} dx$；

(7) $d(\sin x) = \cos x \, dx$;　　　　　　　(8) $d(\cos x) = -\sin x \, dx$;

(9) $d(\tan x) = \dfrac{dx}{\cos^2 x} = \sec^2 x \, dx$;　　(10) $d(\cot x) = \dfrac{-dx}{\sin^2 x} = -\csc^2 x \, dx$;

(11) $d(\sec x) = \sec x \tan x \, dx$;　　　(12) $d(\csc x) = -\csc x \cot x \, dx$;

(13) $d(\arcsin x) = \dfrac{dx}{\sqrt{1-x^2}}$;　　(14) $d(\arccos x) = \dfrac{-dx}{\sqrt{1-x^2}}$;

(15) $d(\arctan x) = \dfrac{dx}{1+x^2}$;　　(16) $d(\operatorname{arccot} x) = \dfrac{-dx}{1+x^2}$.

利用可微的定义，可以把超越函数和复杂的代数函数用简单的多项式代替. 例如，当 $|x|$ 充分小时，有

$$e^x \approx 1 + x ; \qquad \sin x \approx x ; \qquad \cos x \approx 1 - \frac{1}{2}x^2 ;$$

$$\tan x \approx x ; \qquad \ln(1+x) \approx x ; \qquad (1+x)^\alpha \approx 1 + \alpha x.$$

例 6　求 $\sqrt[3]{1.021}$ 的近似值.

解　由近似公式 $(1+x)^\mu \approx 1 + \mu x$ ，知

$$\sqrt[3]{1.021} = (1+0.021)^{\frac{1}{3}} \approx 1 + \frac{1}{3} \times 0.021 = 1.007.$$

习　题　3.1

1. 求下列函数的导数.

(1) $y = \sqrt{x\sqrt{x\sqrt{x}}}$;　　　　　　(2) $y = 2\lg x - 3\arctan x$;

(3) $y = x\tan x - \cot x$;　　　　(4) $y = 2^x e^x$;

(5) $y = x\sin x \ln x$;　　　　　(6) $y = (x-a)(x-b)(x-c)$;

(7) $y = \dfrac{e^x - 1}{e^x + 1}$;　　　　　　(8) $y = \dfrac{1+\sqrt{x}}{1-\sqrt{x}} + \dfrac{3}{\sqrt[3]{x^2}}$.

2. 求曲线 $y = \dfrac{1}{\sqrt{x}}$ 在点 $\left(\dfrac{1}{4},\ 2\right)$ 处的切线方程和法线方程.

3. 求函数 $y = \dfrac{x^3}{3} + \dfrac{x^2}{2} - 2x$ 在 $x = 0$ 处的导数和导数为零的点.

4. 求函数 $y = 5x + x^2$ 当 $x = 2$ 而 $\Delta x = 0.001$ 时的增量 Δy 与微分 dy .

5. 将适当的函数填入括号内，使下列各式成为等式.

(1) $x \, dx = d\ ($　　　$)$;　　　　　(2) $\dfrac{1}{x} \, dx = d\ ($　　　$)$;

(3) $\sin x dx = \mathrm{d}(\quad)$;   (4) $\sec^2 x dx = \mathrm{d}(\quad)$;

(5) $\dfrac{1}{\sqrt{x}} dx = \mathrm{d}(\quad)$;   (6) $\dfrac{1}{\sqrt{1-x^2}} dx = \mathrm{d}(\quad)$.

3.2 导数与微分的计算

3.2.1 四则运算求导法则

导数定义虽然在原则上提供了求导数的方法，但用这种方法计算导数很麻烦、很困难. 所以有必要研究求导方法. 下面先讨论四则运算的求导法则.

定理 3.3 如果函数 $u = u(x)$, $v = v(x)$ 在 x 点处均可导，则函数

$$y = u \pm v, \quad y = uv, \quad y = \frac{u}{v} \quad (v \neq 0)$$

在同一点 x 处均可导，且

(i) $(u \pm v)' = u' \pm v'$;

(ii) $(uv)' = u'v + uv'$;

(iii) $\left(\dfrac{u}{v}\right)' = \dfrac{u'v - uv'}{v^2} (v \neq 0)$.

定理中的 (i) 和 (ii) 的情形可以推广到有限个函数的情形.

例 1 $(x\sin x + \mathrm{e}^x \cos x)' = (x\sin x)' + (\mathrm{e}^x \cos x)'$

$$= x' \sin x + x(\sin x)' + (\mathrm{e}^x)' \cos x + \mathrm{e}^x (\cos x)'$$

$$= \sin x + x\cos x + \mathrm{e}^x \cos x - \mathrm{e}^x \sin x.$$

例 2 $(\tan x)' = \left(\dfrac{\sin x}{\cos x}\right)' = \dfrac{(\sin x)'\cos x - \sin x(\cos x)'}{\cos^2 x} = \dfrac{\cos^2 x + \sin^2 x}{\cos^2 x} = \dfrac{1}{\cos^2 x}$.

所以，有 3.1.2 节公式 (9)

$$(\tan x)' = \frac{1}{\cos^2 x} = \sec^2 x.$$

同样可推出公式 (10) ～ (12).

推论 3.1   当 u, v 均可微时，有

(i) $\mathrm{d}(u \pm v) = \mathrm{d}u \pm \mathrm{d}v$;

(ii) $\mathrm{d}(uv) = u\mathrm{d}v + v\mathrm{d}u$, $\mathrm{d}(Cu) = C\mathrm{d}u (C$ 为常数$)$;

(iii) $\mathrm{d}\left(\dfrac{u}{v}\right) = \dfrac{v\mathrm{d}u - u\mathrm{d}v}{v^2} (v \neq 0)$.

这些法则容易从对应的求导法则推出, 如法则(ii):
$$\mathrm{d}(uv) = (uv)'\mathrm{d}x = (uv' + u'v)\mathrm{d}x = u(v'\mathrm{d}x) + v(u'\mathrm{d}x) = u\,\mathrm{d}v + v\,\mathrm{d}u.$$

3.2.2　反函数与复合函数求导法则

1. 反函数求导法则

定理 3.4(反函数求导法则)　设 $x = \varphi(y)$ 在某区间内单调连续, 在该区间内点 y 处可导, 且 $\varphi'(y) \neq 0$, 则其反函数 $y = f(x)$ 在 y 的对应点 x 处也可导, 且
$$f'(x) = \frac{1}{\varphi'(y)}.$$

证明　由 $x = \varphi(y)$ 单调、连续知, $y = f(x)$ 也是单调、连续的, 给 x 以增量 $\Delta x \neq 0$, 显然
$$\Delta y = f(x + \Delta x) - f(x) \neq 0,$$
于是
$$\frac{\Delta y}{\Delta x} = \frac{1}{\dfrac{\Delta x}{\Delta y}}.$$

由于这里 $\Delta x \to 0$ 等价于 $\Delta y \to 0$, 又 $\varphi'(y) \neq 0$, 故
$$f'(x) = \lim_{\Delta x \to 0} \frac{\Delta y}{\Delta x} = \frac{1}{\lim\limits_{\Delta y \to 0} \dfrac{\Delta x}{\Delta y}} = \frac{1}{x_y'} = \frac{1}{\varphi'(y)}. \qquad \square$$

例 3　在区间 $\left(-\dfrac{\pi}{2}, \dfrac{\pi}{2}\right)$ 内, 由于 $x = \sin y$ 单调增加、可导, 且 $(\sin y)' = \cos y > 0$, 于是由定理 3.4, 有 3.1.2 节导数公式(13)
$$(\arcsin x)' = \frac{1}{(\sin y)'} = \frac{1}{\cos y} = \frac{1}{\sqrt{1 - \sin^2 y}} = \frac{1}{\sqrt{1 - x^2}}, \quad -1 < x < 1.$$
同样可得公式(14)～(16).

2. 复合函数求导法则

复合是构成函数的重要形式, 所以复合函数求导是十分重要的.

定理 3.5(复合函数求导法则)　如果

(i) 函数 $u = \varphi(x)$ 在点 x 处可导 $u_x' = \varphi'(x)$;

(ii) 函数 $y = f(u)$ 在对应点 $u(u = \varphi(x))$ 处也可导 $y_u' = f'(u)$, 则复合函数

$y = f[\varphi(x)]$ 在该点处可导，且有公式

$$\frac{dy}{dx} = \frac{dy}{du} \frac{du}{dx},$$

即

$$\{f[\varphi(x)]\}_x' = f_u'[\varphi(x)]\varphi_x'(x).$$

证明　给 x 以增量 Δx，设函数 $u = \varphi(x)$ 对应的增量为 Δu，此 Δu 又引起函数 $y = f(u)$ 的增量 Δy.

由条件 (ii) 知，有

$$\lim_{\Delta u \to 0} \frac{\Delta y}{\Delta u} = f'(u),$$

根据极限与无穷小的关系，有

$$\frac{\Delta y}{\Delta u} = f'(u) + \alpha,$$

当 $\Delta u \to 0$ 时，其中 $\alpha = \alpha(\Delta u) \to 0$. 上式中的 $\Delta u \neq 0$，两边同乘 Δu，得到

$$\Delta y = f'(u)\Delta u + \alpha \Delta u. \tag{2}$$

因为 u 是中间变量，所以 Δu 有等于零的可能. 而当 $\Delta u = 0$ 时，必有 $\Delta y = 0$，粗看它可以包含在式 (2) 中，但这时 α 无定义. 为简便，当 $\Delta u = 0$ 时补充定义 $\alpha(0) = 0$. 这样，无论 Δu 是否为零，函数 y 的增量 Δy 都可统一由式 (1) 表达.

用 $\Delta x \neq 0$ 去除式 (2) 两边，得

$$\frac{\Delta y}{\Delta x} = f'(u)\frac{\Delta u}{\Delta x} + \alpha \frac{\Delta u}{\Delta x},$$

令 $\Delta x \to 0$，由条件 (i) 知 $\Delta u \to 0$，从而 $\alpha \to 0$，于是有

$$y_x' = f'(u)\varphi'(x),$$

即

$$\frac{dy}{dx} = \frac{dy}{du} \frac{du}{dx}. \qquad \square$$

定理 3.5 说明：复合函数对自变量的导数等于它对中间变量的导数乘以中间变量对自变量的导数. 这个法则被形象地称为**链式法则**.

用数学归纳法，容易将这一法则推广到有限次复合的函数上去. 例如，设

$$y = f(u), \quad u = \varphi(v), \quad v = \psi(x)$$

均可导，则复合函数 $y = f\{\varphi[\psi(x)]\}$ 也可导，且

$$\frac{\mathrm{d}y}{\mathrm{d}x} = \frac{\mathrm{d}y}{\mathrm{d}u}\frac{\mathrm{d}u}{\mathrm{d}v}\frac{\mathrm{d}v}{\mathrm{d}x} = f'(u)\varphi'(v)\psi'(x) .$$

例 4　求 $y = \sin 5x$ 的导数.

解　函数 $y = \sin 5x$ 是函数 $y = \sin u$ 与 $u = 5x$ 的复合函数. 由复合函数求导法则，有

$$(\sin 5x)' = (\sin u)'(5x)' = \cos u \cdot 5 = 5\cos 5x.$$

例 5　求函数 $y = (x^2 + 1)^{100}$ 的导数.

解　函数 $y = (x^2 + 1)^{100}$ 是函数 $y = u^{100}$ 与 $u = x^2 + 1$ 的复合函数. 由复合函数求导法则，有

$$\begin{aligned}
\left[(x^2+1)^{100}\right]' &= (u^{100})'(x^2+1)' = 100u^{99} \cdot 2x \\
&= 200x(x^2+1)^{99}.
\end{aligned}$$

例 6　已知函数 $y = \ln|x|$，求证 $y' = \dfrac{1}{x}$.

证明　当 $x > 0$ 时，则 $y' = \dfrac{1}{x}$.

当 $x < 0$ 时，则 $y = \ln(-x)$，由复合函数求导法则，$y' = \dfrac{1}{-x} \cdot (-x)' = \dfrac{1}{x}$.

总之有

$$y' = \left(\ln|x|\right)' = \frac{1}{x}.$$

由链式法则可以得到下面重要的结论.

推论 3.2（一阶微分的形式不变性）　设 $y = f(u)$，$u = g(x)$ 可微，则复合函数 $y = f(g(x))$ 的微分是

$$\mathrm{d}y = f'(g(x))g'(x)\mathrm{d}x = f'(u)\mathrm{d}u,$$

即无论 u 是自变量还是中间变量，函数 $y = f(u)$ 的微分形式都是一样的，这个性质称为**一阶微分形式不变性**.

3. 幂指函数的导数

形如 $y = f(x)^{g(x)}$ 的函数称为幂指型函数，其中 $f(x), g(x)$ 均为可导函数.

由复合函数求导法则，可得

$$(f(x)^{g(x)})' = (\mathrm{e}^{g(x)\ln f(x)})' = \mathrm{e}^{g(x)\ln f(x)} \cdot (g(x)\ln f(x))' = f(x)^{g(x)} \cdot (g(x)\ln f(x))'.$$

例 7　求函数 $y = x^{\sin x}$ $(x > 0)$ 的导数.

解　由上面求导公式可得

$$y' = (x^{\sin x})' = x^{\sin x} \cdot (\sin x \ln x)'.$$
$$= x^{\sin x}\left(\cos x \ln x + \frac{1}{x}\sin x\right).$$

例 8　求函数 $y = (x-1)\sqrt[3]{\dfrac{(x-2)^2}{x-3}}$ 在 $y \neq 0$ 处的导数.

解　函数可表示为

$$y = \sqrt[3]{\frac{(x-1)^3(x-2)^2}{x-3}} = \left(\frac{(x-1)^3(x-2)^2}{x-3}\right)^{\frac{1}{3}},$$

将其看成特殊的幂指函数，利用公式，则有

$$y' = \left(\frac{(x-1)^3(x-2)^2}{x-3}\right)^{\frac{1}{3}} \cdot \left(\frac{1}{3}\ln\frac{(x-1)^3(x-2)^2}{x-3}\right)'$$

$$= \frac{1}{3}\left(\frac{(x-1)^3(x-2)^2}{x-3}\right)^{\frac{1}{3}} \cdot (3\ln(x-1) + 2\ln(x-2) - \ln(x-3))'$$

$$= (x-1)\sqrt[3]{\frac{(x-2)^2}{x-3}}\left(\frac{1}{x-1} + \frac{2}{3}\frac{1}{x-2} - \frac{1}{3}\frac{1}{x-3}\right).$$

3.2.3　隐函数与参数方程求导法则

1. 隐函数求导法则

下面举例说明求隐函数导数的一般方法.

例 9　求隐函数 $xy - e^x + e^y = 0$ 的导数.

解　设想把 $xy - e^x + e^y = 0$ 所确定的函数 $y = y(x)$ 代入方程，则得恒等式

$$xy - e^x + e^y = 0,$$

将此恒等式两边同时对 x 求导，得

$$(xy)'_x - (e^x)'_x + (e^y)'_x = (0)'_x,$$

因为 y 是 x 的函数，所以 e^y 是 x 的复合函数，求导时要用复合函数求导法，故有

$$y + xy' - e^x + e^y y' = 0,$$

由此解得

$$y' = \frac{e^x - y}{e^y + x}.$$

例 10 求曲线 $x^2 + 2y^2 = 8$ 在点 $(2, \sqrt{2})$ 处切线.

证明 易见点 $(2, \sqrt{2})$ 是两曲线的交点,下面只需证明两条曲线在该点的切线斜率互为负倒数. 对 $x^2 + 2y^2 = 8$ 两边关于 x 求导得

$$2x + 4yy' = 0 ,$$

所以

$$y'\big|_{(2,\sqrt{2})} = -\frac{1}{\sqrt{2}}.$$

再对 $x^2 = 2\sqrt{2}y$ 两边关于 x 求导得

$$2x = 2\sqrt{2}y' ,$$

故

$$y'\big|_{x=2} = \sqrt{2} . \qquad \qquad \square$$

2. 参数方程求导法则

有时人们用参数形式表示变量 y 对变量 x 的函数关系. 例如,函数关系

$$y = \sqrt{a^2 - x^2}, \quad -a \leqslant x \leqslant a$$

可以用参数表示为

$$x = a\cos t, \quad y = a\sin t, \quad 0 \leqslant t \leqslant \pi.$$

参数式也称为参数方程. 一般地,设函数 $y = y(x)$ 由参数方程

$$\begin{cases} x = \varphi(t), \\ y = \psi(t), \end{cases} \quad t \in T \qquad \qquad (3)$$

所确定,关于它的求导法则有如下结论.

定理 3.6 若 $x = \varphi(t)$, $y = \psi(t)$ 在点 t 处可导,且 $\varphi'(t) \neq 0$, $x = \varphi(t)$ 在 t 的某邻域内是单调的连续函数,则参数方程(3)确定的函数在点 $x(x = \varphi(t))$ 处也可导,且

$$y'_x = \frac{y'_t}{x'_t} = \frac{\psi'(t)}{\varphi'(t)}.$$

证明 因为 $x = \varphi(t)$ 是单调的连续函数,所以有反函数 $t = \varphi^{-1}(x)$,将其代入 $y = \psi(t)$ 得复合函数 $y = \psi(\varphi^{-1}(x))$,利用复合函数求导法和反函数求导法得

$$y'_x = \psi'(t)[\varphi^{-1}(x)]' = \psi'(t)\frac{1}{\varphi'(t)} = \frac{\psi'(t)}{\varphi'(t)}.$$　　□

例 11　求摆线

$$\begin{cases} x = a(t - \sin t), \\ y = a(1 - \cos t) \end{cases}$$

在 $t = \dfrac{\pi}{2}$ 处的切线方程.

解　由于

$$y'_x = \frac{y'_t}{x'_t} = \frac{a\sin t}{a(1 - \cos t)} = \frac{\sin t}{1 - \cos t} \quad (t \neq 2k\pi),$$

所以摆线在 $t = \dfrac{\pi}{2}$ 处的切线斜率为

$$\left. y'_x \right|_{t=\frac{\pi}{2}} = \left. \frac{\sin t}{1 - \cos t} \right|_{t=\frac{\pi}{2}} = 1.$$

摆线上对应于 $t = \dfrac{\pi}{2}$ 的点是 $\left(\left(\dfrac{\pi}{2} - 1 \right)a,\ a \right)$，故所求切线方程为

$$y - a = x - \left(\frac{\pi}{2} - 1 \right)a,$$

即

$$x - y + \left(2 - \frac{\pi}{2} \right)a = 0.$$

3.2.4　高阶导数

如果函数 $y = f(x)$ 的导函数 $f'(x)$ 仍可导 $[f'(x)]'$，则称 $[f'(x)]'$ 为函数 $y = f(x)$ 的**二阶导数**，记为

$$y'', f''(x), \frac{\mathrm{d}^2 y}{\mathrm{d}x^2} \text{ 或 } \frac{\mathrm{d}^2 f}{\mathrm{d}x^2},$$

即

$$f''(x) = \lim_{\Delta x \to 0} \frac{f'(x + \Delta x) - f'(x)}{\Delta x}.$$

一般地，把 $y = f(x)$ 的 $n-1$ 阶导数称为 $f(x)$ 的 n **阶导数**，记为

$$y^{(n)}, f^{(n)}(x), \frac{\mathrm{d}^n y}{\mathrm{d}x^n} \text{ 或 } \frac{\mathrm{d}^n f}{\mathrm{d}x^n},$$

即

$$f^{(n)}(x) = \lim_{\Delta x \to 0} \frac{f^{(n-1)}(x + \Delta x) - f^{(n-1)}(x)}{\Delta x}.$$

函数的二阶及二阶以上的各阶导数统称为**高阶导数**，把函数 $f(x)$ 的导数 $f'(x)$ 称为 $f(x)$ 的**一阶导数**.

根据高阶导数的定义，求高阶导数就是多次连续地求导，所以只需按求导法则和基本公式一阶阶地算下去即可.

例 12　证明下列 n 阶导数公式：

(1) $(e^{\lambda x})^{(n)} = \lambda^n e^{\lambda x}$（$\lambda$ 为常数），$(a^x)^{(n)} = a^x (\ln a)^n$；

(2) $(\sin x)^{(n)} = \sin\left(x + n \cdot \dfrac{\pi}{2}\right)$；

(3) $(\cos x)^{(n)} = \cos\left(x + n \cdot \dfrac{\pi}{2}\right)$；

(4) $(x^\mu)^{(n)} = \mu(\mu-1)\cdots(\mu-n+1)x^{\mu-n}$（$\mu$ 为常数，$x > 0$）；

(5) $\left(\dfrac{1}{x+a}\right)^{(n)} = (-1)^n \dfrac{n!}{(x+a)^{n+1}}$；

(6) $\left[\ln(x+a)\right]^{(n)} = (-1)^{n-1} \dfrac{(n-1)!}{(x+a)^n}$.

证明　仅证式 (2) 与式 (5)，其余留给读者.

(2) 由于

$$(\sin x)' = \cos x = \sin\left(x + \frac{\pi}{2}\right),$$

$$(\sin x)'' = \cos\left(x + \frac{\pi}{2}\right) = \sin\left(x + 2 \cdot \frac{\pi}{2}\right),$$

假定 $(\sin x)^{(k)} = \sin\left(x + k \cdot \dfrac{\pi}{2}\right)$ 成立，则

$$(\sin x)^{(k+1)} = \left[\sin\left(x + k \cdot \frac{\pi}{2}\right)\right]' = \cos\left(x + k \cdot \frac{\pi}{2}\right)$$

$$= \sin\left(x + (k+1)\frac{\pi}{2}\right),$$

由数学归纳法知式 (2) 对任何正整数 n 都成立.　　　　　　　　　　□

(5) 由公式 (4) 得

$$\left(\frac{1}{x+a}\right)^{(n)} = \left[(x+a)^{-1}\right]^{(n)} = (-1)(-2)\cdots(-n)(x+a)^{-1-n}$$

$$= (-1)^n \frac{n!}{(x+a)^{n+1}}.$$ □

若函数 u 与 v 均存在 n 阶导数，则它们的乘积也 n 阶可导，用数学归纳法，读者不难证明下述所谓的莱布尼茨公式：

$$(uv)^{(n)} = \sum_{k=0}^{n} C_n^k u^{(n-k)} v^{(k)} = u^{(n)}v + nu^{(n-1)}v' + \frac{n(n-1)}{2!}u^{(n-2)}v'' + \cdots + uv^{(n)},$$

其中规定 $u^{(0)} = u,\ v^{(0)} = v$.

例 13　求 $y = x^2 \sin x$ 的 100 阶导数.

解　由莱布尼茨公式及例 1，得

$$y^{(100)} = x^2(\sin x)^{(100)} + 100(x^2)'(\sin x)^{(99)} + \frac{100 \times 99}{2!}(x^2)''(\sin x)^{(98)}$$

$$= x^2 \sin\left(x + 100 \cdot \frac{\pi}{2}\right) + 200x\sin\left(x + 99 \cdot \frac{\pi}{2}\right) + 100 \times 99 \sin\left(x + 98 \cdot \frac{\pi}{2}\right)$$

$$= x^2 \sin x - 200x\cos x - 9900\sin x.$$

下面举例说明隐函数求高阶导数的方法.

例 14　已知 $x^2 + xy + y^2 = 4$，求 y''.

解　方程两边对 x 求导

$$2x + y + xy' + 2yy' = 0 , \qquad\qquad ①$$

解得

$$y' = -\frac{2x+y}{x+2y}. \qquad\qquad ②$$

将式①两边再对 x 求导，得

$$2 + y' + y' + xy'' + 2(y')^2 + 2yy'' = 0 ,$$

解出

$$y'' = -\frac{2 + 2y' + 2(y')^2}{x + 2y}.$$

将 y' 的表达式②代入，并整理得

$$y'' = -\frac{6(x^2 + xy + y^2)}{(x+2y)^3} = -\frac{24}{(x+2y)^3}.$$

对于参数方程

$$x = \varphi(t), \quad y = \psi(t).$$

如果导数存在，则它的一阶导数

$$y'_x = \frac{y'_t}{x'_t} = \frac{\psi'(t)}{\varphi'(t)}$$

仍然是参数 t 的函数. 它与 $x = \varphi(t)$ 构成一阶导数的参数形式

$$x = \varphi(t), \quad y'_x = \frac{\psi'(t)}{\varphi'(t)}.$$

若求二阶导数，需再用参数方程求导法求导

$$y''_{xx} = \frac{(y'_x)'_t}{x'_t} = \frac{\left[\dfrac{\psi'(t)}{\varphi'(t)} \right]'}{\varphi'(t)}.$$

例 15　设 $x = a\cos t, \ y = b\sin t$ ，求 y''_{xx}.

解　$y'_x = \dfrac{y'_t}{x'} = \dfrac{b\cos t}{-a\sin t} = -\dfrac{b}{a}\cot t$ ，

$$y''_{xx} = \frac{(y'_x)'_t}{x'_t} = \frac{\left(-\dfrac{b}{a}\cot t \right)'}{(a\cos t)'} = \frac{\dfrac{b}{a}\dfrac{1}{\sin^2 t}}{-a\sin t} = -\frac{b}{a^2}\frac{1}{\sin^3 t}.$$

习　题　3.2

1．求下列函数的导数.

(1) $y = a^{\sin 3x}$ ；

(2) $y = \cos^2 x^3$ ；

(3) $y = \sin\cos\dfrac{1}{x}$ ；

(4) $y = \cot^3\sqrt{1+x^2}$.

2．已知 $y = f\left(\dfrac{3x-2}{3x+2} \right)$ ，$f'(x) = \arctan x^2$ ，求 $y'_x|_{x=0}$.

3．若 $f(x) = \sin x$ ，求 $f'(a)$, $[f(a)]'$, $f'(2x)$, $[f(2x)]'$ 和 $f'(f(x))$, $[f(f(x))]'$.

4．求下列隐函数的导函数或指定点的导数.

(1) $\sqrt{x} + \sqrt{y} = \sqrt{a}$ ；

(2) $\arctan\dfrac{y}{x} = \ln\sqrt{x^2+y^2}$ ；

(3) $2^x + 2y = 2^{x+y}$ ；

(4) $x^2 + 2xy - y^2 = 2x$ ，求 $y'|_{x=2}$.

5．求下列函数的导函数或指定点的导数.

(1) $y = (\sin x)^{\cos x}$ ；

(2) $y = (1+x^2)^{\frac{1}{x}}$ ，求 $y'(1)$.

6．求下列参数方程确定的函数的导数 y'_x．

(1) $\begin{cases} x = t^3 + 1, \\ y = t^2; \end{cases}$ 　　　　　　　(2) $\begin{cases} x = \theta - \sin\theta, \\ y = 1 - \cos\theta. \end{cases}$

7．求下列函数的二阶导数．

(1) $y = \sqrt{x^2 - 1}$；　　　　　　(2) $y = x\ln(x + \sqrt{x^2 + a^2}) - \sqrt{x^2 + a^2}$；

(3) $b^2 x^2 + a^2 y^2 = a^2 b^2$；　　　(4) $y = \tan(x + y)$；

(5) $\begin{cases} x = a\cos t, \\ y = b\sin t; \end{cases}$ 　　　　　　(6) $\begin{cases} x = \ln(1 + t^2), \\ y = t - \arctan t. \end{cases}$

8．设 $y = y(x)$ 由 $\begin{cases} x = 3t^2 + 2t + 3, \\ e^y \sin t - y + 1 = 0 \end{cases}$ 确定，求 $\left. \dfrac{\mathrm{d}^2 y}{\mathrm{d}x^2} \right|_{t=0}$．

9．求下列函数的 n 阶导数．

(1) $y = \sin^2 x$；　　　　　　(2) $y = x e^x$．

3.3　微分中值定理与洛必达法则

3.3.1　微分中值定理

如果函数在某一区间上连续，在相应的开区间上可导，则在区间内至少存在一点，其导数在该点具有某一特征，这就是微分中值定理的大致含义．微分中值定理主要有三个．

定理 3.7（罗尔定理）　若函数 $f(x)$ 满足：

(1) 在闭区间 $[a,b]$ 上连续；

(2) 在开区间 (a,b) 内可导；

(3) $f(a) = f(b)$，

则至少存在一点 $\xi \in (a,b)$，使 $f'(\xi) = 0$．

证明　由已知，$f(x)$ 在闭区间 $[a,b]$ 上连续，故 $\exists x_1, x_2 \in [a,b]$ 使

$$f(x_1) = \max_{x \in [a,b]} f(x) = M, \quad f(x_2) = \min_{x \in [a,b]} f(x) = m.$$

(i) 若 $M = m$，则 $f(x)$ 为一常数，因此对于区间 $[a,b]$ 中每个点 ξ 都有 $f'(\xi) = 0$．

(ii) 若 $M \neq m$，则 M 和 m 中至少有一个不等于 $f(a)$，不妨设 $M \neq f(a)$．由条件 (3)，$M \neq f(b)$，故最大值只能在 (a,b) 内取得，即 $x_1 \in (a,b)$．

若 $x \in (x_1 - \delta, \ x_1)$，则

$$\frac{f(x) - f(x_1)}{x - x_1} \geqslant 0,$$

从而有

$$f'_-(x_1) = \lim_{x \to x_1^-} \frac{f(x) - f(x_1)}{x - x_1} \geqslant 0 \, ;$$

若 $x \in (x_1, \, x_1 + \delta)$，则

$$\frac{f(x) - f(x_1)}{x - x_1} \leqslant 0 \, ,$$

从而有

$$f'_+(x_1) = \lim_{x \to x_0^+} \frac{f(x) - f(x_1)}{x - x_1} \leqslant 0 \, .$$

由于 $f(x)$ 在点 x_1 可导，故必有 $f'(x_1) = f'_-(x_1) = f'_+(x_1) = 0$. 因此取 $\xi = x_1$ 即可.　　　　□

罗尔定理有明显的几何意义：如果光滑曲线 $y = f(x) \, (a \leqslant x \leqslant b)$ 的两个端点 $(a, f(a))$, $(b, f(b))$ 的高度（纵坐标）相等，也就是说，如果连接该曲线两个端点的弦是水平的，并且该曲线任一点都有切线，那么必有一点的切线也是水平的（图 3.4）.

从罗尔定理的几何意义，自然地联想到这样的推广：若曲线 $y = f(x) \, (a \leqslant x \leqslant b)$ 上的任一点处都有切线，则存在一点的切线与连接两端点的弦平行呢（图 3.5），由此可以得到罗尔定理的一个推广——拉格朗日中值定理.

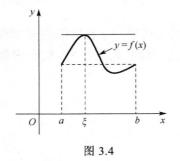

图 3.4　　　　　　　　　　　　　　　图 3.5

定理 3.8（拉格朗日中值定理）　若函数 $f(x)$ 满足：

(1) 在闭区间 $[a,b]$ 上连续；

(2) 在开区间 (a,b) 内可导，

则在开区间 (a,b) 内至少存在一点 ξ，使得

$$f(b) - f(a) = f'(\xi)(b - a) \, . \tag{4}$$

式 (4) 称为拉格朗日中值公式. 在微分学中占有极其重要的地位，它表明了函数在两点处的函数值与导数间的关系.

显然，当 $f(x)$ 在区间 (a,b) 内可导时，若 $x, \, x + \Delta x \in (a,b)$，则有 ξ 介于 $x, \, x + \Delta x$ 之间，使得

$$f(x + \Delta x) - f(x) = f'(\xi)\Delta x, \tag{5}$$

即

$$\Delta y = f'(\xi)\Delta x .$$

与用微分近似替代增量的式子

$$\Delta y \approx f'(x)\Delta x$$

比较, 后者需要 $|\Delta x|$ 充分小, 而且是近似式, 但它简单好算, 是 Δx 的线性函数. 而前者是一个准确的增量公式, 且 $|\Delta x|$ 不必很小, 只要是个有限量即可, 这就是它的重要性所在.

推论 3.3　如果函数 $f(x)$ 在区间 I 内可导, 且 $f'(x) \equiv 0$, 则

$$f(x) = C \quad (C \text{ 为常数}).$$

证明　对区间 I 内任意取二点 x_1, x_2, 由拉格朗日中值定理, 有

$$f(x_2) - f(x_1) = (x_2 - x_1)f'(\xi), \quad \xi \text{ 介于 } x_1, x_2 \text{ 之间}.$$

因为 $f'(x) \equiv 0$, 所以 $f(x_1) = f(x_2)$, 即在区间 I 内任意两点的函数值都相等, 故

$$f(x) = C . \qquad \square$$

定理 3.9(柯西中值定理)　设函数 $f(x)$ 与 $g(x)$ 满足:

(1)在 $[a,b]$ 上连续;

(2)在 (a,b) 内可导, 并且 $g'(x) \neq 0$,

则在区间 (a,b) 内至少存在一点 ξ, 使得

$$\frac{f(b) - f(a)}{g(b) - g(a)} = \frac{f'(\xi)}{g'(\xi)}.$$

注　罗尔定理、拉格朗日中值定理以及柯西中值定理的条件都是充分条件. 如果条件不成立, 对某些函数也可能有类似的结果; 对另外一些函数, 定理的结论不成立, 请读者举出各种例子来说明.

例 1　证明方程 $x^3 + 2x + 1 = 0$ 在区间 $(-1,0)$ 内有且仅有一个实根.

证明　设 $f(x) = x^3 + 2x + 1$, 则 $f(-1) = -2 < 0$, $f(0) = 1 > 0$, 根据连续函数的零点定理, 在 $(-1,0)$ 内 $f(x)$ 至少有一个零点, 设为 x_1, 即 x_1 是方程 $x^3 + 2x + 1 = 0$ 的根. 下面证明 x_1 是该方程在 $(-1,0)$ 内的唯一根. 否则,若它还有一个根 $x_2 \in (-1,0)$, 即 $f(x_2) = 0$. 由罗尔定理, 在 x_1 与 x_2 之间至少有一点 ξ, 使得 $f'(\xi) = 0$. 然而, $f'(x) = 3x^2 + 2 > 0$, 即 $f'(x)$ 在 $(-1,0)$ 内没有零点, 从而得到矛盾. 故 x_1 是该方程在 $(-1,0)$ 内的唯一根. $\square$

3.3.2　洛必达法则

如果函数 $f(x)$ 及 $g(x)$ 在 $x \to x_0$ (或 $x \to \infty$)时均趋于零或均趋于无穷大, 则极限

$$\lim_{x\to x_0}\frac{f(x)}{g(x)}\quad\left(\text{或}\lim_{x\to\infty}\frac{f(x)}{g(x)}\right)$$

的计算，不能应用"商的极限等于极限的商"这一法则. 这种极限通常称为不定式，并分别记为 $\dfrac{0}{0}$ 或 $\dfrac{\infty}{\infty}$. 解决这个问题的有效的方法之一，是根据柯西中值定理建立起来的洛必达法则.

1. "$\dfrac{0}{0}$" 或 "$\dfrac{\infty}{\infty}$" 型

定理 3.10（洛必达法则）　如果 $\lim\dfrac{f(x)}{g(x)}$ 为 "$\dfrac{0}{0}$" 或 "$\dfrac{\infty}{\infty}$" 型不定式，而 $\lim\dfrac{f'(x)}{g'(x)}$ 存在或为无穷大，则有

$$\lim\frac{f(x)}{g(x)}=\lim\frac{f'(x)}{g'(x)}.$$

法则中的极限过程，可以是函数极限的任何一种，但同一问题中的极限过程相同.

证明（仅对 $x\to x_0$ 时的 "$\dfrac{0}{0}$" 型给出证明）　定义 $f(x_0)=g(x_0)=0$，则 $f(x)$, $g(x)$ 在点 x_0 处连续. 这样对充分靠近 x_0 的点 x，$f(x)$, $g(x)$ 在以 x_0 和 x 为端点的区间上满足柯西中值定理的条件，故有

$$\frac{f(x)}{g(x)}=\frac{f(x)-f(x_0)}{g(x)-g(x_0)}=\frac{f'(\xi)}{g'(\xi)},\quad \xi \text{ 介于 } x_0, x \text{ 之间}.$$

令 $x\to x_0$，取极限，注意此时 $\xi\to x_0$，故

$$\lim_{x\to x_0}\frac{f(x)}{g(x)}=\lim_{\xi\to x_0}\frac{f'(\xi)}{g'(\xi)}=\lim_{x\to x_0}\frac{f'(x)}{g'(x)}.\qquad\square$$

例 2　$\lim\limits_{x\to 0}\dfrac{1-\cos x}{x^2}\overset{\frac{0}{0}}{=\!=\!=}\lim\limits_{x\to 0}\dfrac{\sin x}{2x}=\dfrac{1}{2}.$

例 3　$\lim\limits_{x\to 0}\dfrac{\mathrm{e}^x-\mathrm{e}^{-x}-2x}{x-\sin x}\overset{\frac{0}{0}}{=\!=\!=}\lim\limits_{x\to 0}\dfrac{\mathrm{e}^x+\mathrm{e}^{-x}-2}{1-\cos x}\overset{\frac{0}{0}}{=\!=\!=}\lim\limits_{x\to 0}\dfrac{\mathrm{e}^x-\mathrm{e}^{-x}}{\sin x}$

$$\overset{\frac{0}{0}}{=\!=\!=}\lim_{x\to 0}\frac{\mathrm{e}^x+\mathrm{e}^{-x}}{\cos x}=2.$$

每次使用洛必达法则之前都必须检查是否满足条件，特别是是否为 $\dfrac{0}{0}$ 或 $\dfrac{\infty}{\infty}$ 型未定式，而且应尽力化简. 有时连续几次使用洛必达法则，也有时要结合使用其他方法.

例 4　$\lim\limits_{x\to+\infty}\dfrac{x^{\mu}}{\ln x}\overset{\frac{\infty}{\infty}}{=\!=\!=}\lim\limits_{x\to+\infty}\dfrac{\mu x^{\mu-1}}{\dfrac{1}{x}}=\lim\limits_{x\to+\infty}\mu x^{\mu}=+\infty\ (\mu>0)$.

由例 4 知，当 $x\to+\infty$ 时，任何正幂的幂函数都比对数函数更快地趋向于无穷.

例 5　求极限 $\lim\limits_{x\to+\infty}\dfrac{x^{\mu}}{\alpha^{\lambda x}}(\lambda,\mu>0,\alpha>0)$.

解　因 $\mu>0$，必有正整数 n_0，使 $n_0-1<\mu\leqslant n_0$，连续使用洛必达法则 n_0 次得

$$\lim\limits_{x\to+\infty}\dfrac{x^{\mu}}{\alpha^{\lambda x}}\overset{\frac{\infty}{\infty}}{=\!=\!=}\lim\limits_{x\to+\infty}\dfrac{\mu x^{\mu-1}}{\lambda\alpha^{\lambda x}\ln\alpha}=\cdots=\lim\limits_{x\to+\infty}\dfrac{\mu(\mu-1)\cdots(\mu-n_0+1)}{\lambda^{n_0}\alpha^{\lambda x}x^{n_0-\mu}\ln^{n_0}\alpha}=0.$$

由例 5 知，当 $x\to+\infty$ 时，底数大于 1，指数为正的指数函数比任何幂函数都更快地趋向于无穷.

当导数比的极限不存在时，不能断定函数比的极限不存在，这时不能使用洛必达法则，例如，

$$\lim\limits_{x\to\infty}\dfrac{x+\sin x}{x}=\lim\limits_{x\to\infty}\left(1+\dfrac{\sin x}{x}\right)=1.$$

然而

$$\dfrac{(x+\sin x)'}{x'}=1+\cos x,$$

当 $x\to\infty$ 时无极限.

2. 其他型未定式

除上述两种未定式之外，还有 $0\cdot\infty,\ \infty-\infty,\ 0^0,\ 1^{\infty},\ \infty^0$ 等五种类型的未定式，它们都可转化为 "$\dfrac{0}{0}$" 型或 "$\dfrac{\infty}{\infty}$" 型，具体转化步骤如下.

(1) $0\cdot\infty=\dfrac{0}{\dfrac{1}{\infty}}=\dfrac{0}{0}$ 或 $0\cdot\infty=\dfrac{\infty}{\dfrac{1}{0}}=\dfrac{\infty}{\infty}$；

(2) $\infty-\infty=\dfrac{1}{\dfrac{1}{\infty}}-\dfrac{1}{\dfrac{1}{\infty}}=\dfrac{\dfrac{1}{\infty}-\dfrac{1}{\infty}}{\dfrac{1}{\infty\cdot\infty}}=\dfrac{0}{0}$，这两个无穷大正负号相同；

(3) $1^{\infty}=\mathrm{e}^{\infty\cdot\ln 1}=\mathrm{e}^{\infty\cdot 0}$；

(4) $0^0=\mathrm{e}^{0\ln 0}=\mathrm{e}^{0\cdot\infty}$；

(5) $\infty^0=\mathrm{e}^{0\ln\infty}=\mathrm{e}^{0\cdot\infty}$.

后三种情形的 $0 \cdot \infty$ 型可按第一种情形化为 $\dfrac{0}{0}$ 或 $\dfrac{\infty}{\infty}$ 型.

例 6　$\lim\limits_{x \to 0^+} x \ln x \overset{0 \cdot \infty}{=\!=\!=} \lim\limits_{x \to 0^+} \dfrac{\ln x}{\dfrac{1}{x}} \overset{\frac{\infty}{\infty}}{=\!=\!=} \lim\limits_{x \to 0^+} \dfrac{\dfrac{1}{x}}{\dfrac{-1}{x^2}} = -\lim\limits_{x \to 0^+} x = 0$.

例 7　$\lim\limits_{x \to 0} \left(\dfrac{1}{x^2} - \cot^2 x \right) \overset{\infty - \infty}{=\!=\!=} \lim\limits_{x \to 0} \dfrac{\tan^2 x - x^2}{x^2 \tan^2 x} = \lim\limits_{x \to 0} \dfrac{\tan x + x}{x} \cdot \dfrac{\tan x - x}{x^3}$

$$\overset{\frac{0}{0}}{=\!=\!=} 2 \lim\limits_{x \to 0} \dfrac{1 - \cos^2 x}{3 x^2 \cos^2 x} = \dfrac{2}{3} \lim\limits_{x \to 0} \dfrac{\sin^2 x}{x^2} = \dfrac{2}{3}.$$

例 8　求 $\lim\limits_{x \to 0^+} x^x$.

解　为表达简便，利用函数记号 $e^x = \exp\{x\}$.

$$\lim\limits_{x \to 0^+} x^x \overset{0^0}{=\!=\!=} \lim\limits_{x \to 0^+} \exp\{x \ln x\} = \exp\left\{ \lim\limits_{x \to 0^+} \dfrac{\ln x}{\dfrac{1}{x}} \right\}$$

$$\overset{\frac{\infty}{\infty}}{=\!=\!=} \exp\left\{ \lim\limits_{x \to 0^+} \dfrac{\dfrac{1}{x}}{-\dfrac{1}{x^2}} \right\} = \exp\left\{ \lim\limits_{x \to 0^+} (-x) \right\} = 1.$$

例 9　$\lim\limits_{x \to 0^+} (\cot x)^{\frac{1}{\ln x}} \overset{\infty^0}{=\!=\!=} \lim\limits_{x \to 0^+} \exp\left\{ \dfrac{\ln \cot x}{\ln x} \right\} = \exp\left\{ \lim\limits_{x \to 0^+} \dfrac{\ln \cot x}{\ln x} \right\}$

$$\overset{\frac{\infty}{\infty}}{=\!=\!=} \exp\left\{ \lim\limits_{x \to 0^+} \dfrac{\tan x \cdot \left(-\dfrac{1}{\sin^2 x} \right)}{\dfrac{1}{x}} \right\} = \exp\left\{ \lim\limits_{x \to 0^+} \dfrac{-x}{\sin x \cos x} \right\}$$

$$= \exp\{-1\} = e^{-1}.$$

例 10　$\lim\limits_{x \to \infty} \left(\sin \dfrac{2}{x} + \cos \dfrac{1}{x} \right)^x \overset{1^\infty}{=\!=\!=} \lim\limits_{x \to \infty} \exp\left\{ x \ln \left(\sin \dfrac{2}{x} + \cos \dfrac{1}{x} \right) \right\}$

$$= \exp\left\{ \lim\limits_{x \to \infty} \dfrac{\ln \left(\sin \dfrac{2}{x} + \cos \dfrac{1}{x} \right)}{\dfrac{1}{x}} \right\}$$

$$\overset{y=\frac{1}{x}}{=\!=\!=} \exp\left\{ \lim\limits_{y \to 0} \dfrac{\ln(\sin 2y + \cos y)}{y} \right\}$$

$$\overset{\frac{0}{0}}{=\!=\!=} \exp\left\{\lim_{y\to 0} \frac{\dfrac{2\cos 2y - \sin y}{\sin 2y + \cos y}}{1}\right\} = \exp\{2\} = e^2.$$

例 11 求数列极限 $\displaystyle\lim_{n\to\infty} n\left[\left(1+\frac{1}{n}\right)^n - e\right]$.

解 这是 $0 \cdot \infty$ 型未定式, 但数列极限不能直接应用洛必达法则.
由于

$$\lim_{x\to 0}\frac{(1+x)^{\frac{1}{x}} - e}{x} \overset{\frac{0}{0}}{=\!=\!=} \lim_{x\to 0}\frac{(1+x)^{\frac{1}{x}}\left[-\dfrac{1}{x^2}\ln(1+x) + \dfrac{1}{x(x+1)}\right]}{1}$$

$$= \lim_{x\to 0}\frac{(1+x)^{\frac{1}{x}}}{1+x} \cdot \lim_{x\to 0}\frac{x - (x+1)\ln(1+x)}{x^2}$$

$$\overset{\frac{0}{0}}{=\!=\!=} e \cdot \lim_{x\to 0}\frac{1 - \ln(1+x) - 1}{2x} = -\frac{e}{2}\lim_{x\to 0}\frac{\ln(1+x)}{x} = -\frac{e}{2}.$$

在上述极限式中, 令 $x = \dfrac{1}{n}$, 则有

$$\lim_{n\to\infty} n\left[\left(1+\frac{1}{n}\right)^n - e\right] = -\frac{e}{2}.$$

习   题   3.3

1. 下列函数在指定的区间上是否满足罗尔定理的条件, 在区间内是否有点 ξ, 使 $f'(\xi) = 0$?

(1) $y = x^3 + 4x^2 - 7x - 10$, $[-1, 2]$;

(2) $y = \ln\sin x$, $\left[\dfrac{\pi}{6}, \dfrac{5\pi}{6}\right]$;

(3) $y = 1 - \sqrt[3]{x^2}$, $[-1, 1]$;

(4) $y = \left|\sin\left(\dfrac{\pi}{2} - x\right)\right|$, $\left[-\dfrac{\pi}{4}, \dfrac{3\pi}{4}\right]$.

2. 设 $f(x) = \begin{cases} 3 - x^2, & 0 \leqslant x \leqslant 1, \\ 2/x, & 1 < x \leqslant 2 \end{cases}$ 在区间 $[0, 2]$ 上 $f(x)$ 是否满足拉格朗日中值定理的条件, 满足等式

$$f(2) - f(0) = f'(\xi)(2 - 0)$$

的 ξ 共有几个?

3．证明多项式 $P(x)=x(x-1)(x-2)(x-3)(x-4)$ 的导函数的根（零点）都是实根，并指出这些根所在的范围.

4．求下列极限.

(1) $\lim\limits_{x\to 0}\dfrac{x-\arcsin x}{x^3}$ ；

(2) $\lim\limits_{x\to +\infty}\dfrac{\ln\left(1+\dfrac{1}{x}\right)}{\operatorname{arccot} x}$ ；

(3) $\lim\limits_{x\to 0^+}\dfrac{\ln\tan 7x}{\ln\tan 2x}$ ；

(4) $\lim\limits_{x\to 0^+}\dfrac{\ln(\arcsin x)}{\cot x}$ ；

(5) $\lim\limits_{x\to 1}(1-x)\tan\dfrac{\pi x}{2}$ ；

(6) $\lim\limits_{x\to +\infty}\ln(1+\mathrm{e}^{ax})\ln\left(1+\dfrac{b}{x}\right)(a>0,b\neq 0)$ ；

(7) $\lim\limits_{x\to 1}\left(\dfrac{m}{1-x^m}-\dfrac{n}{1-x^n}\right)$ ；

(8) $\lim\limits_{x\to 1}\left(\dfrac{x}{x-1}-\dfrac{1}{\ln x}\right)$ ；

(9) $\lim\limits_{x\to 0^+}\left(\dfrac{1}{x}\right)^{\tan x}$ ；

(10) $\lim\limits_{x\to +\infty}(x+\mathrm{e}^x)^{\frac{1}{x}}$ ；

(11) $\lim\limits_{x\to \frac{\pi}{2}^-}(\cos x)^{\frac{\pi}{2}-x}$ ；

(12) $\lim\limits_{x\to 0^+}x^{1/\ln(\mathrm{e}^x-1)}$.

5．设函数 $f(x)=\begin{cases}\dfrac{g(x)-\cos x}{x}, & x\neq 0,\\ a, & x=0,\end{cases}$ 其中 $g(x)$ 具有二阶连续导函数，且 $g(0)=1$.

(1)求 a ，使 $f(x)$ 在 $x=0$ 处连续；

(2)求 $f'(x)$ ；

(3)讨论 $f'(x)$ 在 $x=0$ 处的连续性.

3.4　导数的应用

3.4.1　函数的单调性

第 1 章已经介绍了函数在区间上单调的概念. 下面用导数来对函数单调性进行研究.

定理 3.11　设函数 $f(x)$ 在 $[a,b]$ 上连续，在 (a,b) 内可导，则 $f(x)$ 在 $[a,b]$ 上单调上升（下降）的必要条件是 $f'(x)\geqslant 0(f'(x)\leqslant 0),x\in(a,b)$.

证明　若 $f(x)$ 在 $[a,b]$ 上单调上升，则对任一点 $x\in(a,b)$ ，无论 Δx 取正或负，都有

$$\frac{f(x+\Delta x)-f(x)}{\Delta x}>0.$$

由极限的保序性，有

$$\lim_{\Delta x\to 0}\frac{f(x+\Delta x)-f(x)}{\Delta x}=f'(x)\geqslant 0.$$

单调下降情形的证明类似. □

关于函数的单调性的充分条件，有以下的定理.

定理 3.12　设函数 $f(x)$ 在 $[a,b]$ 上连续，在 (a,b) 内可导，且 $f'(x)>0\ (<0)$，则 $f(x)$ 在 (a,b) 内单增（单减）.

证明　任取二点 $x_1, x_2 \in [a,b]$，设 $x_1 < x_2$，由拉格朗日中值定理，有

$$f(x_2)-f(x_1)=(x_2-x_1)f'(\xi)\ (x_1<\xi<x_2).$$

因为 $f'(x)>0,\ x\in(a,b)$，所以，$f'(\xi)>0$，从而

$$f(x_2)>f(x_1).$$

同法可证明推论的另一部分. □

例 1　讨论函数 $f(x)=3x^4-8x^3+6x^2-1$ 的单调区间.

解　由

$$f'(x)=12x^3-24x^2+12x=12x(x-1)^2$$

可知：

当 $x<0$ 时，$f'(x)<0$，所以 $f(x)$ 在 $(-\infty,0]$ 上单减；

当 $x>0$ 时，$f'(x)\geqslant 0$，仅在 $x=1$ 一点处 $f'(x)=0$，所以 $f(x)$ 在 $[0,+\infty)$ 上单增.

例 2　试证当 $x>0$ 时，$x>\ln(1+x)>x-\dfrac{x^2}{2}$.

证明　设 $f(x)=x-\ln(1+x)$，则当 $x>0$ 时，有

$$f'(x)=\frac{x}{1+x}>0,$$

故 $f(x)$ 当 $x>0$ 时为增函数，但 $f(0)=0$，所以 $f(x)=x-\ln(1+x)>0$，即 $x>\ln(1+x)$.

设 $g(x)=x-\dfrac{x^2}{2}-\ln(1+x)$，则当 $x>0$ 时，有

$$g'(x)=-\frac{x^2}{1+x}<0,$$

故 $g(x)$ 当 $x>0$ 时为减函数，但 $g(0)=0$，所以 $g(x)=x-\dfrac{x^2}{2}-\ln(1+x)<0$，即

$$x-\frac{x^2}{2}<\ln(1+x).$$

3.4.2　函数的极值与最值

首先给出函数 $f(x)$ 在 x_0 点的极值概念.

定义 3.5　设函数 $f(x)$ 在点 x_0 及其附近有定义, 如果存在 x_0 的邻域 $U(x_0)$, 使得对于所有的 $x \in U(x_0)$, 都有

$$f(x) \leqslant f(x_0)\ (f(x) \geqslant f(x_0)),$$

则称 $f(x_0)$ 为函数 $f(x)$ 的一个**极大(小)值**.

极大值、极小值统称为**极值**, 使函数 $f(x)$ 取极值的点 x_0(自变量)称为**极值点**.

关于函数的极值, 有以下必要条件.

定理 3.13(费马定理)　若函数 $f(x)$ 在 x_0 点可导, 且在 x_0 点取极值, 则必有 $f'(x_0) = 0$.

证明　不妨设 $f(x)$ 在 x_0 处取极大值, 则 $\exists \delta > 0$, 使得 $\forall x \in U_\delta(x_0)$, 有 $f(x) \leqslant f(x_0)$.

若 $x \in (x_0 - \delta,\ x_0)$, 则

$$\frac{f(x) - f(x_0)}{x - x_0} \geqslant 0,$$

从而有

$$f'_-(x_0) = \lim_{x \to x_0^-} \frac{f(x) - f(x_0)}{x - x_0} \geqslant 0 ;$$

若 $x \in (x_0,\ x_0 + \delta)$, 则

$$\frac{f(x) - f(x_0)}{x - x_0} \leqslant 0,$$

从而有

$$f'_+(x_0) = \lim_{x \to x_0^+} \frac{f(x) - f(x)}{x - x_0} \leqslant 0 .$$

由于 $f(x)$ 在点 x_0 可导, 故必有 $f'(x_0) = f'_-(x_0) = f'_+(x_0) = 0$. 　□

把使得 $f'(x_0) = 0$ 的点 x_0 称为函数 $f(x)$ 的**驻点**.

注意, 函数 $f(x)$ 在极值点处可以没有导数, 例如, 函数 $f(x) = |x|$ 在 $x = 0$ 处取得极小值, 但在这点不可导. 如果函数 $f(x)$ 在极值点 x_0 处可导, 那么由费马定理可知 x_0 是 $f(x)$ 的驻点. 但驻点不一定是极值点. 例如, $f(x) = x^3$, 有 $f'(0) = 0$, 但 $x = 0$ 不是 $f(x) = x^3$ 的极值点.

下面给出函数 $f(x)$ 在 h 处取得极值的必要条件.

定理 3.14(第一充分判别法)　设函数 $f(x)$ 在 x_0 的某一去心邻域内可微, 在 x_0 处连续, 若 $\exists \delta > 0$

(i) $\forall x \in (x_0 - \delta, x_0)$, $f'(x) > 0 \, (< 0)$; $\forall x \in (x_0, x_0 + \delta)$, $f'(x) < 0 \, (> 0)$，则 $f(x_0)$ 为极大值（极小值）；

(ii) 当 $x \in \overset{\circ}{U}(x_0)$ 时，$f'(x) > 0 \, (< 0)$，则 $f(x_0)$ 不是极值.

证明　(i) 只证 $f(x_0)$ 是极大值的情况，同理可证 $f(x_0)$ 是极小值的情况.

当 $x \in (x_0 - \delta, x_0)$ 时，$f'(x) > 0$，故 $f(x)\uparrow$，$f(x) < f(x_0)$；当 $x \in (x_0, x_0 + \delta)$ 时，$f'(x) < 0$，故 $f(x)\downarrow$，$f(x) < f(x_0)$. 总之，$f(x_0)$ 是极大值.

(ii) 若 $\forall x \in \overset{\circ}{U}(x_0)$ 有 $f'(x) > 0 \, (< 0)$ 知，$f(x)$ 是单调的，所以 $f(x_0)$ 不是极值. □

定理 3.14 指出，若导数 $f'(x)$ 在 x_0 的两侧变号，则 $f(x_0)$ 必是极值；保持不变号，则 $f(x_0)$ 不是极值.

例 3　求函数 $f(x) = x^3(x-5)^2$ 的极值.

解　$f'(x) = 3x^2(x-5)^2 + 2x^3(x-5) = 5x^2(x-3)(x-5)$.

令 $f'(x) = 0$，得驻点 $x = 0, 3, 5$. 用它们将函数定义域分为四个区间 $(-\infty, 0)$，$(0, 3)$，$(3, 5)$ 和 $(5, +\infty)$. 检查 $f'(x)$ 的符号变化情况，为了方便，列表如下

x	$(-\infty,0)$	0	$(0,3)$	3	$(3,5)$	5	$(5,+\infty)$
$f'(x)$	+	0	+	0	−	0	+
$f(x)$	↗	非	↗	极大	↘	极小	↗

可见，在 $x=0$ 处无极值，在 $x=3$ 处函数取得极大值，在 $x=5$ 处函数取得极小值.

定理 3.15（第二充分判别法）　设 $f(x)$ 在 x_0 点处有 $f'(x_0) = 0$, $f''(x)$ 存在且 $f''(x_0) \neq 0$，则

(i) 当 $f''(x_0) < 0$ 时，$f(x_0)$ 为极大值；

(ii) 当 $f''(x_0) > 0$ 时，$f(x_0)$ 为极小值.

证明　(i) 因 $f'(x_0) = 0$, $f''(x_0) < 0$，由二阶导数定义，有

$$f''(x_0) = \lim_{x \to x_0} \frac{f'(x) - f'(x_0)}{x - x_0} = \lim_{x \to x_0} \frac{f'(x)}{x - x_0} < 0,$$

由极限的保号性知，$\exists \delta > 0$，当 $0 < |x - x_0| < \delta$ 时，有

$$\frac{f'(x)}{x - x_0} < 0,$$

于是，当 $x < x_0$ 时，$f'(x) > 0$；当 $x > x_0$ 时，$f'(x) < 0$. 由定理 3.14 知，$f(x_0)$ 是 $f(x)$ 的极大值.

类似地可证 (ii).　　　　　　　　　　　　　　　　　　　　　　　　□

例 4　求函数 $f(x) = x^3 + 3x^2 - 24x - 20$ 的极值.

解　$f'(x) = 3x^2 + 6x - 24 = 3(x+4)(x-2)$．

令 $f'(x) = 0$，得驻点 $x = -4,\ x = 2$，由于 $f''(-4) = -18 < 0,\ f''(2) = 18 > 0$，由定理 3.14 知，函数 $f(x)$ 在 $x = -4$ 处取极大值，极大值为 $f(-4) = 60$；$x = 2$ 处取极小值，极小值为 $f(2) = -48$．

以下举例说明如何求解函数在一区间上的最大（小）值问题．

例 5　求函数 $f(x) = x^{\frac{2}{3}} - (x^2 - 1)^{\frac{1}{3}}$ 在 $[-2, 2]$ 上的最大值与最小值．

解　$f'(x) = \dfrac{2}{3} x^{-\frac{1}{3}} - \dfrac{1}{3}(x^2-1)^{-\frac{2}{3}}(2x) = \dfrac{2\left[(x^2-1)^{\frac{2}{3}} - x^{\frac{4}{3}}\right]}{3x^{\frac{1}{3}}(x^2-1)^{\frac{2}{3}}}$．

令 $f'(x) = 0$，得驻点 $x = \pm\dfrac{1}{\sqrt{2}}$，导数不存在的点有 $x = 0,\ x = \pm 1$．因为 $f(x)$ 是偶函数，所以仅需计算

$$f(0) = 1, \quad f\left(\frac{1}{\sqrt{2}}\right) = \sqrt[3]{4}, \quad f(1) = 1, \quad f(2) = \sqrt[3]{4} - \sqrt[3]{3}.$$

比较它们的大小可知，$f(x)$ 在 $[-2, 2]$ 上的最大值为 $\sqrt[3]{4}$，最小值为 $\sqrt[3]{4} - \sqrt[3]{3}$．

在研究函数的最大、最小值时，常常遇到一些特殊情况．例如，①若 $f(x)$ 是 $[a,b]$ 上的单调函数，此时，其最大、小值必在端点取得．②设 $f \in C[a,b]$，在 (a,b) 内可导．在 (a,b) 内有唯一驻点 x_0，若 x_0 是极大（小）值点，则 $f(x_0)$ 是 $[a,b]$ 上的最大（小）值．③在实际问题中，若已判定 $f(x)$ 必有最大（小）值，若 x_0 是唯一的驻点，则 $f(x_0)$ 便是最大（小）值．

例 6　将边长为 a 的正方形铁皮于四角处剪去相同的小正方形，然后折起各边焊成一个无盖的盒，问剪去的小正方形之边长为多少时，盒的容积最大？

解　如图 3.6 所示

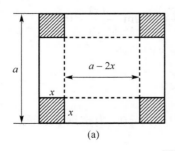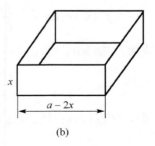

图 3.6

设剪掉的小正方形边长为 x，则盒的底面边长为 $a - 2x$，于是盒的容积为

$$V = (a - 2x)^2 x, \quad 0 < x < \frac{a}{2}.$$

问题变为求 $V(x)$ 在 $\left(0, \dfrac{a}{2}\right)$ 内的最大值. 由于

$$V' = (a - 2x)^2 - 4x(a - 2x) = (a - 2x)(a - 6x),$$

所以在 $\left(0, \dfrac{a}{2}\right)$ 内只有唯一驻点 $x = \dfrac{a}{6}$. 因为

$$V''\Big|_{\frac{a}{6}} = (-8a + 24x)\Big|_{\frac{a}{6}} = -4a < 0,$$

故 $x = \dfrac{a}{6}$ 时，容积 V 最大，$V\left(\dfrac{a}{6}\right) = \dfrac{2a^3}{27}$.

利用求最大值和最小值的方法还可以证明不等式.

例 7　证明不等式

$$4x\ln x \geqslant x^2 + 2x - 3, \quad \forall x \in (0,2).$$

证明　设 $f(x) = 4x\ln x - x^2 - 2x + 3$，则

$$f'(x) = 4\ln x - 2x + 2,$$

$$f''(x) = \frac{4}{x} - 2 > 0, \quad \forall x \in (0,2).$$

因此，$f'(x)$ 在区间 $(0,2)$ 上是单增的，从而知 $f(x)$ 有唯一驻点 $x_0 = 1$. 由定理 3.15 知，$f(1) = 0$ 为极小值，从而是最小值. 故当 $x \in (0,2)$ 时，$f(x) \geqslant 0$，即有

$$4x\ln x \geqslant x^2 + 2x - 3, \quad x \in (0,2). \qquad \square$$

3.4.3　曲线的凸凹性及曲线的渐近线

1. 曲线的凸凹性

函数图形的凸凹性是函数的又一条重要性质，若曲线上任意两点之间的曲线段都位于其弦的下(上)方，则说此曲线是下凸(上凸)的. 图 3.7(a) 中的曲线是下凸的，(b) 中的曲线是上凸的.

定理 3.16　设 $f(x)$ 在区间 I 上有二阶导数，若 $f''(x) \geqslant 0 (\leqslant 0)$，则函数 $f(x)$ 对应的曲线在 I 上是下凸的(上凸的).

在连续曲线 $y = f(x)$ 上，不同凸向曲线段的分界点称为**拐点**.

若 $f(x)$ 具有二阶导数，则点 $(x_0, f(x_0))$ 是拐点的必要条件为 $f''(x_0) = 0$. 当然，拐点也可能出现在二阶导数不存在的点处.

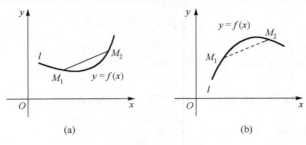

图 3.7

例 8　求曲线 $y = (x-2)^{5/3} - \dfrac{5}{9}x^2$ 的拐点及凸向区间.

解　(1) $y' = \dfrac{5}{3}(x-2)^{2/3} - \dfrac{10}{9}x$,

$$y'' = \dfrac{10}{9}(x-2)^{-\frac{1}{3}} - \dfrac{10}{9} = \dfrac{10}{9}\,\dfrac{1-(x-2)^{1/3}}{(x-2)^{1/3}} .$$

(2) y'' 的零点是 $x_1 = 3$, y'' 不存在的点是 $x_2 = 2$.

(3) 列表讨论如下

x	$(-\infty, 2)$	2	$(2, 3)$	3	$(3, +\infty)$
$f''(x)$	$-$	不存在	$+$	0	$-$
$f(x)$	$\cap$	拐点 $\left(2, -\dfrac{20}{9}\right)$	$\cup$	拐点 $(3, -4)$	$\cap$

2. 曲线的渐近线

若动点 $M(x, f(x))$ 沿着曲线 $y = f(x)$ 无限远离坐标原点时，它与某一直线 l 的距离趋于零，则称直线 l 为曲线 $y = f(x)$ 的一条**渐近线**.

渐近线有三种类型.

(1) 水平渐近线.

若 $\lim\limits_{x \to \infty} f(x) = A$ ，或 $\lim\limits_{x \to +\infty} f(x) = A$ ，或 $\lim\limits_{x \to -\infty} f(x) = A$ ，则称 $y = A$ 是曲线 $y = f(x)$ 的**水平渐近线**. 例如，$y = \mathrm{e}^{-x}$ ，由于 $\lim\limits_{x \to +\infty} \mathrm{e}^{-x} = 0$ ，所以 $y = 0$ 是曲线 $y = \mathrm{e}^{-x}$ 的一条水平渐近线.

(2) 铅直渐近线.

若 $\lim\limits_{x \to x_0} f(x) = \infty$ ，或 $\lim\limits_{x \to x_0^+} f(x) = \infty$ ，或 $\lim\limits_{x \to x_0^-} f(x) = \infty$ ，则称 $x = x_0$ 为曲线 $y = f(x)$ 的一条**铅直渐近线**. 例如，$y = \dfrac{1}{x-1}$ ，由于 $\lim\limits_{x \to 1} \dfrac{1}{x-1} = \infty$ ，所以 $x = 1$ 是曲线 $y = \dfrac{1}{x-1}$ 的一条铅直渐近线.

（3）斜渐近线.

设曲线 $y = f(x)$ 的斜渐近线方程为

$$y = ax + b,$$

其仰角 $\alpha \neq \dfrac{\pi}{2}$，如图 3.8 所示. 因为

$$|MP| = |MN||\cos \alpha|,$$

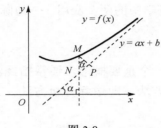

图 3.8

所以

$$\lim_{r \to +\infty} |MP| = 0 \Leftrightarrow \lim_{r \to +\infty} |MN| = 0,$$

r 是动点 M 到原点的距离，后一极限就是

$$\lim_{\substack{x \to +\infty \\ (x \to -\infty)}} [f(x) - ax - b] = 0. \tag{6}$$

由此得

$$\lim_{\substack{x \to +\infty \\ (x \to -\infty)}} \frac{f(x) - ax - b}{x} = \lim_{\substack{x \to +\infty \\ (x \to -\infty)}} \left[\frac{f(x)}{x} - a - \frac{b}{x} \right] = 0,$$

即有

$$\lim_{\substack{x \to +\infty \\ (x \to -\infty)}} \frac{f(x)}{x} = a. \tag{7}$$

而式（6）又等价于

$$\lim_{\substack{x \to +\infty \\ (x \to -\infty)}} [f(x) - ax] = b. \tag{8}$$

总之，若极限（7），（8）同时存在，则曲线 $y = f(x)$ 有斜渐近线 $y = ax + b$. 极限（7），（8）只要有一个不存在，曲线 $y = f(x)$ 无斜渐近线. 此外，水平渐近线已含在斜渐近线内.

例 9　求曲线 $y = \dfrac{x^2}{1 + x}$ 的渐近线.

解 （1）因为 $\lim\limits_{x \to -1} \dfrac{x^2}{1+x} = \infty$，所以 $x = -1$ 为曲线的铅直渐近线.

（2）由于 $\lim\limits_{x \to \infty} \dfrac{f(x)}{x} = \lim\limits_{x \to \infty} \dfrac{x}{1+x} = 1$，即 $a = 1$；又 $\lim\limits_{x \to \infty}[f(x) - x] = \lim\limits_{x \to \infty} \dfrac{-x}{1+x} = -1$，即 $b = -1$，故 $y = x - 1$ 为曲线的斜渐近线.

3.4.4 导数在经济学中的应用

下面介绍导数概念在经济学中的两个应用——边际分析和弹性分析.

1. 边际分析

边际概念是经济学中的一个重要概念，通常指经济变量的变化率，利用导数研究经济变量的边际变化的方法，即**边际分析方法**，是经济理论中的一个重要分析方法.

在经济边际分析中常用到以下边际经济量：

（1）**边际收入**　在某一个既定条件下，增加一个单位的产品的销售，所导致的收入增量；

（2）**边际成本**　在某一既定条件下，增加一个单位产品的生产，所导致成本的增量.

下面通过一个例子说明边际分析的意义.

例 10　设某企业生产的某种产品其总成本 C 与总收入 R 是产品数量 q 的函数，函数的具体形式如下：

$$C(q) = 60 + 4q,$$

$$R(q) = 20q - \frac{q^2}{4},$$

试问，企业生产该种产品的数量为多少时，所获得的利润最大？

解　利润函数如下：

$$L(q) = R(q) - c(q) = \left(20q - \frac{q^2}{4}\right) - (60 + 4q)$$

$$= 16q - \frac{q^2}{4} - 60,$$

根据题意，需求利润函数的最大值点. 为此，对利润函数求一阶导数

$$L' = R' - C' = 120 - \frac{2}{4}q - 4 = 16 - \frac{1}{2}q,$$

令上式等于 0，解方程得利润函数的驻点：

$$q = 32.$$

为了判断该驻点是否为极值点，需求利润函数的二阶导数，

$$L'' = -\frac{1}{2}.$$

由于二阶导数小于 0，可知 $q = 32$ 是利润函数的极大值点，由于它是唯一的极值点，故它是利润函数的最大值点. 其最大值为

$$
\begin{aligned}
L(q) &= 16q - \frac{q^2}{4} - 60 \\
&= 16 \times 32 - \frac{1}{4} \times 32^2 - 60 \\
&= 196,
\end{aligned}
$$

即产品产量为 32 时，企业获得最大利润，最大利润为 196.

　　这个例子告诉我们这样一个事实，当 $q = 32$ 时，收入函数的一阶导数等于成本函数的一阶导数，即

$$R'(32) = C'(32) = 4.$$

上式所表达的意义正是经济学中著名的**边际原则**(Marginal Pricipal)，即当边际收入等于边际成本时，获得最大利润.

　　以上解释告诉我们，经济学中的边际含义就是导数的含义，所以，导函数也称为边际函数，它反映两个经济量增量的对比关系. 边际分析也就是与经济量增量对比相关的分析.

　　2. 弹性分析

　　弹性概念是经济学中的另一个重要概念，用来定量地描述一个经济变量对另一个经济变量变化的反映程度，或者说，一个经济变量变动百分之一会使另一个经济变量变动百分之几. 弹性分析是指与弹性相关的经济分析.

　　例如，y 是某种商品的需求量，x 是该商品的销售价格. 在离散情况下(对某一时期而言)，需求量的增长率与价格的增长率分别表示为

$$\text{需求量的增长率：} \frac{\Delta y}{y},$$

$$\text{价格增长率：} \frac{\Delta x}{x}.$$

在连续情况下(对某一瞬间时刻而言)，两增长率分别表示为

$$需求量的增长率：\frac{\mathrm{d}y}{y},$$

$$价格增长率：\frac{\mathrm{d}x}{x}.$$

价格的增长变化会引起需求量的增长变化. 在增长率意义上, 表明价格作用下需求量反应程度大小的指标就是需求的价格弹性, 用 $\frac{Ey}{Ex}$ 表示, 其具体形式表示为

$$需求的价格弹性：\frac{Ey}{Ex} = \frac{\dfrac{\Delta y}{y}}{\dfrac{\Delta x}{x}} = \frac{x}{y} \cdot \frac{\Delta y}{\Delta x}, \quad 或$$

$$需求的价格弹性：\frac{Ey}{Ex} = \frac{\dfrac{\mathrm{d}y}{y}}{\dfrac{\mathrm{d}x}{x}} = \frac{x}{y} \cdot \frac{\mathrm{d}y}{\mathrm{d}x}.$$

当 $\frac{Ey}{Ex} = 0$, 表示价格增长率变化后, 需求量增长率完全没变化, 这种称为**完全无弹性**; 当 $\frac{Ey}{Ex} = \infty$, 表示价格增长率微小变化导致需求量增长率的无穷变化, 这种称为**完全弹性**; $\frac{Ey}{Ex} = 1$, 表示价格增长率变化与需求量增长率的变化相等, 这种称为**单位弹性**; $\frac{Ey}{Ex} > 1$, 表示价格增长率变化程度小于需求量增长率的变化程度, 这种称为**富有弹性**; $\frac{Ey}{Ex} < 1$, 表示价格增长率变化程度大于需求量增长率的变化程度, 这种称为**缺乏弹性**.

一般地, 生活必需品具有较低的需求价格弹性, 奢侈品具有较高的需求价格弹性.

例 11　设某省某种商品的需求函数为

$$y = ax^{-0.4},$$

其中, y, x 分别是该种商品的需求量与销售价格, 求该种商品的需求价格弹性.

解　根据弹性的定义, 需求的价格弹性为

$$\frac{Ey}{Ex} = \frac{x}{y} \cdot \frac{\mathrm{d}y}{\mathrm{d}x} = \frac{x}{ax^{-0.4}}(-0.4a \cdot x^{-0.4-1})$$
$$= -0.4,$$

以上计算结果表明, 该种商品的价格每增长 1%, 商品需求量增长 –0.4%, 即降低 0.4%.

边际分析与弹性分析都是反映经济量变化的对比分析, 边际是两变量绝对改变量的比, 弹性是两变量相对改变量的比.

习　题　3.4

1. 确定下列函数的单调区间.

(1) $y = \sqrt{2x - x^2}$;

(2) $y = x - e^x$.

2. 设 $f''(x) > 0$, $f(0) < 0$, 试证函数 $g(x) = f(x)/x$ 分别在区间 $(-\infty, 0)$ 和 $(0, +\infty)$ 内单调增加.

3. 求下列函数的极值.

(1) $f(x) = 2x^3 - 6x^2 - 18x + 7$;

(2) $f(x) = (x-5)^2 \sqrt[3]{(x+1)^2}$;

(3) $f(x) = \dfrac{x}{\ln x}$.

4. 求函数 $f(x) = \begin{cases} x, & x \leqslant 0, \\ x\ln x, & x > 0 \end{cases}$ 的极值.

5. 求下列函数在指定区间上的最大值和最小值.

(1) $y = x + 2\sqrt{x}$, $[0,4]$;

(2) $y = x^x$, $[0.1, 1]$.

6. 证明不等式 $e^x \leqslant \dfrac{1}{1-x}$ $(x < 1)$.

7. 求下列曲线的凸向区间及拐点.

(1) $y = 1 + x^2 - \dfrac{1}{2}x^4$;

(2) $y = \ln(1 + x^2)$.

8. 问 a 及 b 为何值时, 点 $(1,3)$ 为曲线 $y = ax^3 + bx^2$ 的拐点.

9. 求下列曲线的渐近线.

(1) $y = \dfrac{a}{(x-b)^2} + c$ $(a \neq 0)$;

(2) $y = x + \dfrac{\ln x}{x}$.

 数学名家

18,19 世纪承上启下的数学大师——拉格朗日

约瑟夫·路易斯·拉格朗日(Joseph-Louis Lagrange 1735—1813),法国数学家、物理学家. 1736 年 1 月 25 日生于意大利都灵,1813 年 4 月 10 日卒于巴黎. 他在数学、力学和天文学三个学科领域中都有历史性的贡献,其中尤以数学方面的成就最为突出.

拉格朗日 1736 年 1 月 25 日生于意大利西北部的都灵. 父亲是法国陆军骑兵里的一名军官,后由于经商破产,家道中落. 据拉格朗日本人回忆,如果幼年是家境富裕,他也就不会作数学研究了,因为父亲一心想把他培养成为一名律师. 拉格朗日个人却对法律毫无兴趣.

到了青年时代,在数学家雷维里的教导下,拉格朗日喜爱上了几何学. 17 岁时,他读了英国天文学家哈雷的介绍牛顿微积分成就的短文《论分析方法的优点》后,感觉到"分析才是自己最热爱的学科",从此他迷上了数学分析,开始专攻当时迅速发展的数学分析.

18 岁时,拉格朗日用意大利语写了第一篇论文,是用牛顿二项式定理处理两函数乘积的高阶微商,他又将论文用拉丁语写出寄给了当时在柏林科学院任职的数学家欧拉. 不久后,他获知这一成果早在半个世纪前就被莱布尼茨取得了. 这个并不幸运的开端并未使拉格朗日灰心,相反,更坚定了他投身数学分析领域的信心.

1755 年拉格朗日 19 岁时,在探讨数学难题"等周问题"的过程中,他以欧拉的思路和结果为依据,用纯分析的方法求变分极值. 第一篇论文《极大和极小的方法研究》,发展了欧拉所开创的变分法,为变分法奠定了理论基础. 变分法的创立,使拉格朗日在都灵声名大震,并使他在 19 岁时就当上了都灵皇家炮兵学校的教授,成为当时欧洲公认的第一流数学家. 1756 年,受欧拉的举荐,拉格朗日被任命为普鲁士科学院通讯院士.

1764 年,法国科学院悬赏征文,要求用万有引力解释月球天平动问题,他的研究获奖. 接着又成功地运用微分方程理论和近似解法研究了科学院提出的一个复杂的六体问题(木星的四个卫星的运动问题),为此又一次于 1766 年获奖.

1766 年德国的腓特烈大帝向拉格朗日发出邀请时说,在"欧洲最大的王"的宫廷中应有"欧洲最大的数学家". 于是他应邀前往柏林,任普鲁士科学院数学部主

任,居住达20年之久,开始了他一生科学研究的鼎盛时期. 在此期间,他完成了《分析力学》一书,这是牛顿之后的一部重要的经典力学著作. 书中运用变分原理和分析的方法,建立起完整和谐的力学体系,使力学分析化了. 他在序言中宣称:力学已经成为分析的一个分支.

1783年,拉格朗日的故乡建立了"都灵科学院",他被任命为名誉院长. 1786年腓特烈大帝去世以后,他接受了法王路易十六的邀请,离开柏林,定居巴黎,直至去世.

这期间他参加了巴黎科学院成立的研究法国度量衡统一问题的委员会,并出任法国米制委员会主任. 1799年,法国完成统一度量衡工作,制定了被世界公认的长度、面积、体积、质量的单位,拉格朗日为此做出了巨大的努力.

1791年,拉格朗日被选为英国皇家学会会员,又先后在巴黎高等师范学院和巴黎综合工科学校任数学教授. 1795年建立了法国最高学术机构——法兰西研究院后,拉格朗日被选为科学院数理委员会主席. 此后,他才重新进行研究工作,编写了一批重要著作:《论任意阶数值方程的解法》《解析函数论》和《函数计算讲义》,总结了那一时期的特别是他自己的一系列研究工作.

1813年4月3日,拿破仑授予他帝国大十字勋章,但此时的拉格朗日已卧床不起,4月11日早晨,拉格朗日逝世.

拉格朗日科学研究所涉及的领域极其广泛. 他在数学上最突出的贡献是使数学分析与几何与力学脱离开来,使数学的独立性更为清楚,从此数学不再仅仅是其他学科的工具.

拉格朗日总结了18世纪的数学成果,同时又为19世纪的数学研究开辟了道路,堪称法国最杰出的数学大师. 同时,他的关于月球运动(三体问题)、行星运动、轨道计算、两个不动中心问题、流体力学等方面的成果,在使天文学力学化、力学分析化上,也起到了历史性的作用,促进了力学和天体力学的进一步发展,成为这些领域的开创性或奠基性研究.

在柏林工作的前十年,拉格朗日把大量时间花在代数方程和超越方程的解法上,做出了有价值的贡献,推动了代数学的发展. 他提交给柏林科学院两篇著名的论文:《关于解数值方程》和《关于方程的代数解法的研究》. 把前人解三、四次代数方程的各种解法,总结为一套标准方法,即把方程化为低一次的方程(称辅助方程或预解式)以求解.

他试图寻找五次方程的预解函数,希望这个函数是低于五次的方程的解,但未获得成功. 然而,他的思想已蕴涵着置换群概念,对后来阿贝尔和伽罗华起到启发性作用,最终解决了高于四次的一般方程为何不能用代数方法求解的问题. 因而也可以说拉格朗日是群论的先驱.

在数论方面,拉格朗日也显示出非凡的才能. 他对费马提出的许多问题作出了解答. 例如，一个正整数是不多于 4 个平方数的和的问题等，他还证明了圆周率的无理性. 这些研究成果丰富了数论的内容.

在《解析函数论》以及他早在 1772 年的一篇论文中，在为微积分奠定理论基础方面作了独特的尝试，他企图把微分运算归结为代数运算，从而抛弃自牛顿以来一直令人困惑的无穷小量，并想由此出发建立全部分析学. 但是由于他没有考虑到无穷级数的收敛性问题，他自以为摆脱了极限概念，其实只是回避了极限概念，并没有能达到他想使微积分代数化、严密化的目的. 不过，他用幂级数表示函数的处理方法对分析学的发展产生了影响，成为实变函数论的起点.

拉格朗日也是分析力学的创立者. 拉格朗日在其名著《分析力学》中，在总结历史上各种力学基本原理的基础上，发展达朗贝尔、欧拉等研究成果，引入了势和等势面的概念，进一步把数学分析应用于质点和刚体力学，提出了运用于静力学和动力学的普遍方程，引进广义坐标的概念，建立了拉格朗日方程，把力学体系的运动方程从以力为基本概念的牛顿形式，改变为以能量为基本概念的分析力学形式，奠定了分析力学的基础，为把力学理论推广应用到物理学其他领域开辟了道路.

他还给出刚体在重力作用下，绕旋转对称轴上的定点转动（拉格朗日陀螺）的欧拉动力学方程的解，对三体问题的求解方法有重要贡献，解决了限制性三体运动的定型问题. 拉格朗日对流体运动的理论也有重要贡献，提出了描述流体运动的拉格朗日方法.

拉格朗日的研究工作中，约有一半同天体力学有关. 他用自己在分析力学中的原理和公式，建立起各类天体的运动方程. 在天体运动方程的解法中，拉格朗日发现了三体问题运动方程的五个特解，即拉格朗日平动解. 此外，他还研究了彗星和小行星的摄动问题，提出了彗星起源假说等.

近百余年来，数学领域的许多新成就都可以直接或间接地溯源于拉格朗日的工作. 所以他在数学史上被认为是对分析数学的发展产生全面影响的数学家之一. 被誉为"欧洲最大的数学家".

本文选自：http://blog.sina.com.cn/s/blog 5ce1193f0100bcq7.html.

第4章 一元积分学

4.1 不定积分的概念

第 3 章里介绍求已知函数的导数和微分的运算. 但也有许多问题中要解决相反的问题，就是已知导数或微分，求原来那个函数的问题.

这是微分运算的逆运算问题，是微积分学中另一个基本内容.

定义 4.1 如果在某区间 I 上，

$$F'(x) = f(x) \quad \text{或} \quad \mathrm{d}F(x) = f(x)\mathrm{d}x,$$

则称 $F(x)$ 为 $f(x)$ 在 I 上的一个**原函数**.

例如，由 $(\sin x)' = \cos x$ 知，$F(x) = \sin x$ 是 $f(x) = \cos x$ 在 $(-\infty, +\infty)$ 上的一个原函数. 不难看出 $F(x) + C = \sin x + C$ 也是 $f(x) = \cos x$ 的原函数，其中 C 为任意常数.

显然，若函数 $F(x)$ 是函数 $f(x)$ 的一个原函数，则利用导数的运算性质，对于任意常数 C，有

$$[F(x) + C]' = F'(x) = f(x),$$

可见函数 $F(x) + C$ 也是函数 $f(x)$ 的原函数. 由此可见，一个函数如果有原函数，它必有无穷多个原函数，并有结论如下.

定理 4.1 如果 $F(x)$ 是 $f(x)$ 在区间 I 上的一个原函数，则 $f(x)$ 在 I 上的任一个原函数都可表为 $F(x) + C$ 的形式，其中 C 为某一常数.

定理 4.1 表明：形如 $F(x) + C$ 的一族函数是 $f(x)$ 的全部原函数.

证明 设 $\varPhi(x)$ 为 $f(x)$ 在 I 上的任一原函数，则

$$\varPhi'(x) = f(x),$$

又因为 $F'(x) = f(x)$，所以

$$[\varPhi(x) - F(x)]' = \varPhi'(x) - F'(x) = f(x) - f(x) \equiv 0, \quad \forall x \in I,$$

故 $\varPhi(x) - F(x) = C$，即

$$\varPhi(x) = F(x) + C. \qquad \qquad \square$$

可见，只要找到 $f(x)$ 的一个原函数，就知道它的全部原函数.

定义 4.2 设 $F(x)$ 是 $f(x)$ 的任一原函数，则 $f(x)$ 的全部原函数的一般表达式

$$F(x) + C$$

称为函数 $f(x)$ 的**不定积分**，记为 $\int f(x)\mathrm{d}x$，即

$$\int f(x)\mathrm{d}x = F(x) + C,$$

其中，$\int$ 称为积分号，$f(x)\mathrm{d}x$ 称为被积表达式，$f(x)$ 称为被积函数，x 称为积分变量，任意常数 C 称为积分常数.

由定义 4.2，一个函数的不定积分，即不是一个数，也不是一个函数，而是一族函数. 从几何上看，不定积分是一族平行曲线，这一族曲线在横坐标相同的点 $(x, F(x)+C)$ 处的切线斜率都等于 $f(x)$（图 4.1）. 基于这一原因，称曲线 $y = F(x)$ 为 $f(x)$ 的一条**积分曲线**，$y = F(x)+C$ 称为 $f(x)$ 的**积分曲线族**.

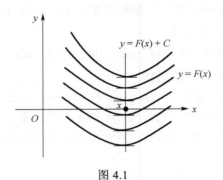

图 4.1

例 1　$\int \cos \mathrm{d}x = \sin x + C$，$\int \mathrm{e}^x \mathrm{d}x = \mathrm{e}^x + C$.

已知一个函数 $f(x)$ 而求不定积分的运算，称为积分运算，关于积分运算有如下性质.

性质 4.1　$\left(\int f(x)\mathrm{d}x\right)' = f(x)$　或　$\mathrm{d}\int f(x)\mathrm{d}x = f(x)\mathrm{d}x$.

证明　设 $F(x)$ 是 $f(x)$ 的一个原函数，则

$$\int f(x)\mathrm{d}x = F(x) + C.$$

于是

$$\left(\int f(x)\mathrm{d}x\right)' = (F(x)+C)' = F'(x) = f(x). \qquad \square$$

性质 4.1 说明不定积分的导数（微分）等于被积函数（被积表达式）.

性质 4.2　$\int F'(x)\mathrm{d}x = F(x) + C$　或　$\int \mathrm{d}F(x) = F(x) + C$.

证明　由于 $F(x)$ 是 $F'(x)$ 的一个原函数，根据定义 4.2，有

$$\int F'(x)\mathrm{d}x = F(x) + C.$$ □

性质 4.2 说明对一个函数 $F(x)$，先微分得到 $F'(x)\mathrm{d}x$，再求不定积分等于 $F(x)+C$.

总之，先积分后微分，则两个运算抵消；反之，先微分后积分，抵消后差一个常数. 这就是所说的微分与积分互为逆运算的含义.

性质 4.3　设函数 $f_1(x)$，$f_2(x)$ 在区间 I 上都有原函数，则

$$\int [k_1 f_1(x) + k_2 f_2(x)]\mathrm{d}x = k_1 \int f_1(x)\mathrm{d}x + k_2 \int f_2(x)\mathrm{d}x,$$

其中 k_1，k_2 是不同时为零的常数.

证明　由微分法则和性质 4.1，

$$\left[k_1 \int f(x)\mathrm{d}x + k_2 \int f_2(x)\mathrm{d}x \right]' = k_1 \left(\int f(x)\mathrm{d}x \right)' + k_2 \left(\int f_2(x)\mathrm{d}x \right)'$$
$$= k_1 f_1(x) + k_2 f_2(x),$$

所以，$\left[k_1 \int f_1(x)\mathrm{d}x + k_2 \int f_2(x)\mathrm{d}x \right]$ 是 $k_1 f_1(x) + k_2 f_2(x)$ 的原函数，且在不定积分中已含有任意常数，由不定积分定义知性质 4.3 成立. □

性质 4.3 称为积分的线性性质，它是和微分运算的线性性质相对应的.

哪些函数有原函数？又如何求其原函数呢？第一个问题由下面的定理来回答.

定理 4.2　若 $f(x) \in C[a, b]$，则它必有原函数.

根据微分基本公式，可直接得到如下的不定积分基本公式.

不定积分基本公式（I）

(1) $\int 0\mathrm{d}x = C$;

(2) $\int 1\mathrm{d}x = x + C$;

(3) $\int x^{\mu}\mathrm{d}x = \dfrac{1}{\mu+1}x^{\mu+1} + C(\mu \neq -1)$;

(4) $\int \dfrac{1}{x}\mathrm{d}x = \ln|x| + C$;

(5) $\int a^x\mathrm{d}x = \dfrac{a^x}{\ln a} + C$ $(a > 0, a \neq 1)$;

(6) $\int \mathrm{e}^x\mathrm{d}x = \mathrm{e}^x + C$;

(7) $\int \sin\mathrm{d}x = -\cos x + C$;

(8) $\int \cos x\mathrm{d}x = \sin x + C$;

(9) $\int \sec^2 x\mathrm{d}x = \int \dfrac{1}{\cos^2 x}\mathrm{d}x = \tan x + C$;

(10) $\int \csc^2 x\mathrm{d}x = \int \dfrac{1}{\sin^2 x}\mathrm{d}x = -\cot x + C$;

(11) $\int \sec x\tan x\mathrm{d}x = \sec x + C$;

(12) $\int \csc x\cot x\mathrm{d}x = -\csc x + C$;

(13) $\int \dfrac{\mathrm{d}x}{\sqrt{1-x^2}} = \arcsin x + C$；　　　　　　(14) $\int \dfrac{1}{1+x^2}\mathrm{d}x = \arctan x + C.$

熟记基本积分公式，才能顺利地进行积分运算.

例 2　　$\displaystyle\int (\mathrm{e}^x + 2\sin x)\mathrm{d}x = \int \mathrm{e}^x \mathrm{d}x + 2\int \sin x \mathrm{d}x = \mathrm{e}^x - 2\cos x + C.$

例 3　　$\displaystyle\int x\left(\sqrt{x} - \dfrac{2}{x^2}\right)\mathrm{d}x = \int\left(x^{\frac{3}{2}} - \dfrac{2}{x}\right)\mathrm{d}x = \int x^{\frac{3}{2}}\mathrm{d}x - 2\int\dfrac{1}{x}\mathrm{d}x$

$$= \dfrac{1}{\dfrac{3}{2}+1}x^{\frac{3}{2}+1} - 2\ln|x| + C$$

$$= \dfrac{2}{5}x^{\frac{5}{2}} - 2\ln|x| + C.$$

例 4　　$\displaystyle\int \dfrac{\mathrm{d}x}{x^2(x^2+1)} = \int\left(\dfrac{1}{x^2} - \dfrac{1}{x^2+1}\right)\mathrm{d}x = \int\dfrac{1}{x^2}\mathrm{d}x - \int\dfrac{1}{x^2+1}\mathrm{d}x$

$$= -\dfrac{1}{x} - \arctan x + C.$$

例 5　　$\displaystyle\int \dfrac{1}{\sin^2 x\cos^2 x}\mathrm{d}x = \int\dfrac{\sin^2 x + \cos^2 x}{\sin^2 x\cos^2 x}\mathrm{d}x = \int\left(\dfrac{1}{\cos^2 x} + \dfrac{1}{\sin^2 x}\right)\mathrm{d}x$

$$= \tan x - \cot x + C.$$

例 6　某企业生产的某种产品其边际成本是产量的函数，函数形式如下

$$f(x) = F'(x) = 4x + 2,$$

并已知当产量为 0 时，总成本为 10，求总成本函数.

解　已知边际成本函数求总成本函数的问题，就是已知导函数求原函数的问题，根据公式，$F'(x) = 4x + 2$ 的一个原函数为

$$2x^2 + 2x.$$

由不定积分的定义知，

$$\int f(x)\mathrm{d}x = \int (4x + 2)\mathrm{d}x = 2x^2 + 2x + C,$$

将 $x = 0$，$F(0) = 10$ 代入上式

$$2\times 0^2 + 0 + C = 10,$$

可得 $C = 10$，故所求总成本函数为

$$F(x) = 2x^2 + 2x + 10.$$

习 题 4.1

1. 写出下列函数的原函数.

(1) $\sin 2x$；

(2) a^{2x}；

(3) $(ax+b)^n$ $(n \neq -1)$.

2. 一条曲线通过点 $(e^2, 3)$，且其上任一点处的切线斜率等于该点横坐标的倒数，求该曲线方程.

3. 设 $f(x)$ 为可微函数，下列各式中正确的是（   ）.

    A. $d\int f(x)dx = f(x)$
        B. $\int f'(x)dx = f(x)$

    C. $\left(\int f(x)dx\right)' = f(x)$
        D. $\left(\int f(x)dx\right)' = f(x) + C$

4. 应用基本积分表及分项积分法求下列不定积分.

(1) $\int (x^2 - 3x^{-0.7} + 1)dx$；

(2) $\int \sqrt[m]{x^n}\, dx$；

(3) $\int \sqrt{x\sqrt{x\sqrt{x}}}\, dx$；

(4) $\int \dfrac{3x^4 + 3x^2 + 1}{x^2 + 1}\, dx$；

(5) $\int 3^{2x} e^x dx$；

(6) $\int \dfrac{2^x + 5^x}{10^x}\, dx$；

(7) $\int \cos^2 \dfrac{x}{2} dx$；

(8) $\int \tan^2 x\, dx$；

(9) $\int \dfrac{\cos 2x}{\sin^2 x \cos^2 x}\, dx$；

(10) $\int \dfrac{1 + \cos^2 x}{1 + \cos 2x}\, dx$.

4.2 不定积分的计算

微分运算中有两个重要的法则：复合函数微分法和乘积的微分法，在积分运算中，与它们对应的是本节将要介绍的换元积分法和分部积分法.

1. 换元积分法

换元积分公式 设 $f(x)$ 连续，$x = \varphi(t)$ 有连续的导数，则

$$\int f(\varphi(t))\varphi'(t)dt = \int f(\varphi(t))d\varphi(t) \xlongequal{x=\varphi(t)} \int f(x)dx. \tag{1}$$

证明 由于

$$f(\varphi(t))\varphi'(t)dt = f(\varphi(t))d\varphi(t) = f(x)dx,$$

所以根据不定积分定义知式(1)成立.　　　　　　　　　　　　　　　□

第一换元积分法　若遇到积分 $\int f(\varphi(t))\varphi'(t)\mathrm{d}t$ 不易计算时，通过变换 $x = \varphi(t)$，由式(1)化为不定积分 $\int f(x)\mathrm{d}x$ 来计算，积分后再将 $x = \varphi(t)$ 代入.

第二换元积分法　若遇到积分 $\int f(x)\mathrm{d}x$ 不易计算时，可选取适当的变换 $x = \varphi(t)$，由式(1)化为不定积分 $\int f(\varphi(t))\varphi'(t)\mathrm{d}t$ 来计算. 由于积分后还要将 t 换为 x 的函数，所以这时要求变换 $x = \varphi(t)$ 有反函数 $t = \varphi^{-1}(x)$.

先看第一换元积分法的例题.

例 1　$\displaystyle\int \frac{1}{x\ln x}\mathrm{d}x = \int \frac{1}{\ln x}\mathrm{d}\ln x \xxlongequal{u=\ln x} \int \frac{1}{u}\mathrm{d}u = \ln|u| + C = \ln|\ln x| + C.$

例 2　$\displaystyle\int \frac{\arctan x}{1+x^2}\mathrm{d}x = \int \arctan x\,\mathrm{d}\arctan x \xxlongequal{u=\arctan x} \int u\,\mathrm{d}u = \frac{1}{2}u^2 + C = \frac{1}{2}(\arctan x)^2 + C.$

做过一定数量的练习对第一换元法熟练后，可以不再写出中间变量，但需明白将积分公式中的积分变量换为可微函数时，公式依然成立.

例 3　$\displaystyle\int \tan x\,\mathrm{d}x = \int \frac{\sin x}{\cos x}\mathrm{d}x = -\int \frac{1}{\cos x}\mathrm{d}\cos x = -\ln|\cos x| + C.$

例 4　$\displaystyle\int \frac{\mathrm{d}x}{\sqrt{a^2-x^2}}\int \frac{\mathrm{d}x}{a\sqrt{1-\left(\dfrac{x}{a}\right)^2}} = \int \frac{\mathrm{d}\left(\dfrac{x}{a}\right)}{\sqrt{1-\left(\dfrac{x}{a}\right)^2}} = \arcsin \frac{x}{a} + C$，其中 $a > 0$.

例 5　$\displaystyle\int \frac{\mathrm{d}x}{x^2-a^2} = \frac{1}{2a}\int \left(\frac{1}{x-a} - \frac{1}{x+a}\right)\mathrm{d}x = \frac{1}{2a}\ln\left|\frac{x-a}{x+a}\right| + C(a \neq 0).$

例 6　$\displaystyle\int \csc \mathrm{d}x = \int \frac{\mathrm{d}x}{\sin x} = \int \frac{\sin x}{\sin^2 x}\mathrm{d}x = \int \frac{\mathrm{d}\cos x}{\cos^2 x - 1} = \frac{1}{2}\ln\left|\frac{1-\cos x}{1+\cos x}\right| + C$

$\displaystyle\qquad\qquad = \ln\left|\frac{1-\cos x}{\sin x}\right| + C = \ln|\csc x - \cot x| + C,$

换个算法有

$$\int \csc x\,\mathrm{d}x = \int \frac{\mathrm{d}x}{\sin x} = \int \frac{\mathrm{d}x}{2\sin\dfrac{x}{2}\cos\dfrac{x}{2}} = \int \frac{1}{\tan\dfrac{x}{2}}\mathrm{d}\tan\frac{x}{2} = \ln\left|\tan\frac{x}{2}\right| + C.$$

再看第二换元积分法的例题.

例 7　求 $\displaystyle\int \frac{1}{1+\sqrt{x}}\mathrm{d}x$.

解　此题的难点在于有根式，为消除它，作变换，令 $t = \sqrt{x}$，即 $x = t^2(t \geq 0)$，则

$\mathrm{d}x = 2t\mathrm{d}t$，故

$$\int \frac{1}{1+\sqrt{x}}\mathrm{d}x = \int \frac{2t}{1+t}\mathrm{d}t = \int \left(2 - \frac{2}{1+t}\right)\mathrm{d}t$$

$$= 2t - 2\ln(1+t) + C = 2\sqrt{x} - 2\ln(1+\sqrt{x}) + C.$$

例 8　求 $\int \sqrt{a^2 - x^2}\,\mathrm{d}x$ $(a > 0)$.

解　设 $x = a\sin t\left(-\frac{\pi}{2} \leqslant t \leqslant \frac{\pi}{2}\right)$，则 $\sqrt{a^2 - x^2} = a\sqrt{1 - \sin^2 t} = a\cos t$，$\mathrm{d}x = a\cos t\mathrm{d}t$，

于是

$$\int \sqrt{a^2 - x^2}\,\mathrm{d}x = \int a^2 \cos^2 t\,\mathrm{d}t = a^2 \int \frac{1 + \cos 2t}{2}\mathrm{d}t$$

$$= \frac{a^2}{2}\left(t + \frac{1}{2}\sin 2t\right) + C$$

$$= \frac{a^2}{2}(t + \sin t \cos t) + C.$$

还需要将结果表成原变量 x 的函数，由图 4.2 知，在三角变换 $\sin t = \dfrac{x}{a}$ 下，有

$$\cos t = \frac{\sqrt{a^2 - x^2}}{a}, \quad t = \arcsin \frac{x}{a},$$

故

$$\int \sqrt{a^2 - x^2}\,\mathrm{d}x = \frac{a^2}{2}\left(\arcsin \frac{x}{a} + \frac{x}{a}\frac{\sqrt{a^2 - x^2}}{a}\right) + C$$

$$= \frac{a^2}{2}\arcsin \frac{x}{a} + \frac{x}{2}\sqrt{a^2 - x^2} + C.$$

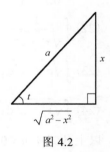

图 4.2

例 9　求 $\int \dfrac{\mathrm{d}x}{\sqrt{x^2 + a^2}}$ $(a > 0)$.

解　设 $x = a\tan t\left(-\frac{\pi}{2} < t < \frac{\pi}{2}\right)$，则 $\sqrt{x^2 + a^2} = a\sec t$，$\mathrm{d}x = a\sec^2 t\mathrm{d}t$，于是

$$\int \frac{\mathrm{d}x}{\sqrt{x^2 + a^2}} = \int \frac{a\sec^2 t}{a\sec t}\mathrm{d}t = \int \sec t\,\mathrm{d}t = \ln|\sec t + \tan t| + C_1$$

$$= \ln\left|\frac{\sqrt{x^2 + a^2}}{a} + \frac{x}{a}\right| + C_1 = \ln|x + \sqrt{x^2 + a^2}| + C.$$

参看图 4.3，最后一步中把 $-\ln a$ 归入到任意常数 C 内.

相仿地，通过变换 $x = a\sec t$ 可算出

$$\int \frac{\mathrm{d}x}{\sqrt{x^2 - a^2}} = \ln|x + \sqrt{x^2 - a^2}| + C.$$

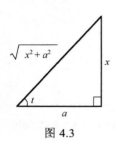

图 4.3

总结例 8 和例 9，有如下规律

(1) 含有 $\sqrt{a^2 - x^2}$ 时，作变换 $x = a\sin t$；

(2) 含有 $\sqrt{a^2 + x^2}$ 时，作变换 $x = a\tan t$；

(3) 含有 $\sqrt{x^2 - a^2}$ 时，作变换 $x = a\sec t$.

由本节例题得到几个常用的积分公式汇集如下.

不定积分基本公式（Ⅱ）

(15) $\int \tan x \mathrm{d}x = -\ln|\cos x| + C$；

(16) $\int \cot x \mathrm{d}x = \ln|\sin x| + C$；

(17) $\int \sec x \mathrm{d}x = \ln|\sec x + \tan x| + C$；

(18) $\int \csc x \mathrm{d}x = \ln|\csc x - \cot x| + C$；

(19) $\int \frac{1}{x^2 + a^2} \mathrm{d}x = \frac{1}{a}\arctan\frac{x}{a} + C$；

(20) $\int \frac{1}{x^2 - a^2} \mathrm{d}x = \frac{1}{2a}\ln\left|\frac{x-a}{x+a}\right| + C$；

(21) $\int \frac{1}{\sqrt{a^2 - x^2}} \mathrm{d}x = \arcsin\frac{x}{a} + C$；

(22) $\int \frac{1}{\sqrt{x^2 \pm a^2}} \mathrm{d}x = \ln|x + \sqrt{x^2 \pm a^2}| + C$；

(23) $\int \sqrt{a^2 - x^2}\, \mathrm{d}x = \frac{x}{2}\sqrt{a^2 - x^2} + \frac{a^2}{2}\arcsin\frac{x}{a} + C$；

(24) $\int \sqrt{x^2 \pm a^2}\, \mathrm{d}x = \frac{x}{2}\sqrt{x^2 \pm a^2} \pm \frac{a^2}{2}\ln|x + \sqrt{x^2 \pm a^2}| + C.$

以上各式中 $a > 0$.

2. 分部积分法

设 $u(x)$ 与 $v(x)$ 均为连续可微函数，由函数乘积的求导公式有

$$[u(x)v(x)]' = u'(x)v(x) + u(x)v'(x)$$

或

$$u(x)v'(x) = [u(x)v(x)]' - u'(x)v(x).$$

再由不定积分的性质有

$$\int u(x)v'(x)\mathrm{d}x = u(x)v(x) - \int u'(x)v(x)\mathrm{d}x \tag{1}$$

或

$$\int u(x)\mathrm{d}v(x) = u(x)v(x) - \int v(x)\mathrm{d}u(x). \tag{2}$$

积分公式(1)和(2)称为**分部积分公式**. 它把一个积分转换为另一个积分，用它计算不定积分的方法称为**分部积分法**.

例 10　$\displaystyle\int x\cos x\mathrm{d}x$.

解　设 $u(x) = x$, $v'(x) = \cos x$，则

$$\int x\cos x\mathrm{d}x = \int x\mathrm{d}\sin x = x\sin x - \int \sin x\mathrm{d}x = x\sin x + \cos x + C.$$

例 11　求 $\displaystyle\int x^2\mathrm{e}^x\mathrm{d}x$.

解　设 $u(x) = x^2$, $v'(x) = \mathrm{e}^x$，则

$$\int x^2\mathrm{e}^x\mathrm{d}x = \int x^2\mathrm{d}\mathrm{e}^x = x^2\mathrm{e}^x - \int \mathrm{e}^x\mathrm{d}x^2 = x^2\mathrm{e}^x - 2\int x\mathrm{e}^x\mathrm{d}x.$$

对积分 $\displaystyle\int x\mathrm{e}^x\mathrm{d}x$ 用分部积分法，有

$$\int x\mathrm{e}^x\mathrm{d}x = \int x\mathrm{d}\mathrm{e}^x = x\mathrm{e}^x - \int \mathrm{e}^x\mathrm{d}x = x\mathrm{e}^x - \mathrm{e}^x + C,$$

故

$$\int x^2\mathrm{e}^x\mathrm{d}x = x^2\mathrm{e}^x - 2x\mathrm{e}^x + 2\mathrm{e}^x + C = (x^2 - 2x + 2)\mathrm{e}^x + C.$$

应用分部积分法时，需要把被积函数看成两个因式 $u(x)$ 及 $v'(x)$ 之积，如何选取 $u(x)$ 和 $v'(x)$ 是很关键的，选取不当，将使积分越化越繁. 因为分部积分第一步要将 $v'(x)\mathrm{d}x$ 变为 $\mathrm{d}v(x)$，实质就是先积分 $v'(x)$，所以选取 $v'(x)$ 应使它好积. u 的选取应使其导数 $u'(x)$ 比 $u(x)$ 简单，两方面都要兼顾到.

例 12　$\displaystyle\int x\tan^2 x\mathrm{d}x = \int x(\sec^2 x - 1)\mathrm{d}x = \int x\mathrm{d}\tan x - \int x\mathrm{d}x$

$$= x\tan x - \int \tan x\mathrm{d}x - \frac{1}{2}x^2$$

$$= x\tan x - \frac{x^2}{2} + \ln|\cos x| + C.$$

习　题　4.2

1. 用第一换元积分法计算下列积分.

(1) $\displaystyle\int \frac{\mathrm{d}x}{a - x}$；

(2) $\displaystyle\int \frac{1}{\sqrt{7 - 5x^2}}\mathrm{d}x$；

(3) $\int (ax+b)^{100} \, \mathrm{d}x$;

(4) $\int \dfrac{3-2x}{5x^2+7} \, \mathrm{d}x$;

(5) $\int \dfrac{1}{x} \sin(\lg x) \, \mathrm{d}x$;

(6) $\int \dfrac{\mathrm{e}^{1/x}}{x^2} \, \mathrm{d}x$;

(7) $\int \dfrac{a^x}{1+a^{2x}} \, \mathrm{d}x$;

(8) $\int \dfrac{1}{2^x+3} \, \mathrm{d}x$.

2．用第二换元积分法计算下列积分．

(1) $\int \dfrac{x^2}{(x-1)^{10}} \, \mathrm{d}x$;

(2) $\int x(2x+5)^{10} \, \mathrm{d}x$;

(3) $\int \dfrac{1}{1+\sqrt{1+x}} \, \mathrm{d}x$;

(4) $\int \dfrac{\sqrt{x}}{\sqrt{x}-\sqrt[3]{x}} \, \mathrm{d}x$;

(5) $\int \dfrac{\sqrt{x^2-a^2}}{x} \, \mathrm{d}x$;

(6) $\int \dfrac{1}{x\sqrt{1-x^2}} \, \mathrm{d}x$.

3．利用分部积分法计算下列积分．

(1) $\int 3^x \cos x \, \mathrm{d}x$;

(2) $\int x \sin x \, \mathrm{d}x$;

(3) $\int (x^2+5x+6)\cos 2x \, \mathrm{d}x$;

(4) $\int x \sin x \cos x \, \mathrm{d}x$;

(5) $\int \dfrac{x}{\sin^2 x} \, \mathrm{d}x$;

(6) $\int x \tan^2 x \, \mathrm{d}x$;

(7) $\int \arctan x \, \mathrm{d}x$;

(8) $\int x \arcsin x \, \mathrm{d}x$.

4．设 $f'(\mathrm{e}^x)=1+x$ ，求 $f(x)$ ．

4.3   微分方程的求解

4.3.1   微分方程的概念

已知函数 $f(x)$，求其原函数或不定积分的问题，实际上就是求解最简单的微分方程

$$\frac{\mathrm{d}y}{\mathrm{d}x}=f(x) . \tag{1}$$

我们知道它的一般解是

$$y=\int f(x)\mathrm{d}x+C . \tag{2}$$

定义 4.3　含有未知函数的导数或微分的，联系着自变量、未知函数及其导数或微分的方程称为**微分方程**．例如

$$y' = xy, \tag{3}$$

$$y'' + 3y' + 2y = 0, \tag{4}$$

$$y''' + y'' + xy' + 3y = e^{-2x} \tag{5}$$

等都是微分方程. 在微分方程中出现的未知函数的导数的最高阶数, 称为微分方程的 **阶**. 例如, 方程 (1) 和 (3) 是一阶微分方程, (4) 和 (5) 分别是二阶和三阶微分方程. n 阶微分方程的一般形式为

$$F(x, y, y', \cdots, y^{(n)}) = 0, \tag{6}$$

这是联系着 $x, y, y', \cdots, y^{(n)}$ 的关系式, 式中 $y^{(n)}$ 必须出现.

若有函数 $y = y(x)$ 代入式 (6) 使之成为恒等式, 即

$$F(x, y(x), y'(x), \cdots, y^{(n)}(x)) \equiv 0,$$

则称函数 $y = y(x)$ 为方程 (6) 的 **解**.

在求原函数时, 我们知道, 若原函数存在, 则必有无限多个原函数, 这就是求不定积分时出现一个任意常数的原因. 同样地, 对于二阶微分方程, 它的一般解应该出现两个独立的任意常数. 所谓两个任意常数是独立的, 是指它们不能通过运算合并成一个. 例如, $y = C_1 x + C_2$ 中的两个任意常数是彼此相互独立的, 而 $y = C_1 \cos x + C_2 3 \cos x$ 中的两个任意常数 C_1, C_2 就不是彼此独立的, 因为

$$y = C_1 \cos x + C_2 3 \cos x = (C_1 + 3C_2) \cos x = C \cos x,$$

实际上只有一个任意常数 $C = (C_1 + 3C_2)$.

定义 4.4　若 n 阶微分方程中的解中含有几个彼此独立的任意常数, 则称这样的解为微分方程的 **一般解** 或 **通解**.

不含任意常数的解称为 **特解**. 特解除了满足微分方程外还要满足一定的定解条件. 常见的定解条件是 **初始条件**, n 阶微分方程的初始条件是指如下几个条件:

$$y|_{x=x_0} = y_0, \ y'|_{x=x_0} = y_0', \cdots, y^{(n-1)}|_{x=x_0} = y_0^{(n-1)}.$$

求微分方程满足定解条件的解就是所谓的定解问题; 当定解条件为初始条件时, 相应的定解问题就称为 **初值问题**.

对于一阶微分方程这里主要讨论几类特殊的一阶微分方程的解法.

4.3.2　可分离变量的方程

称形如

$$\frac{\mathrm{d}y}{\mathrm{d}x} = f(x) \cdot g(y) \tag{1}$$

的一阶微分方程为**可分离变量的方程**，如果 $g(y) \neq 0$，那么就可写成

$$\frac{\mathrm{d}y}{g(y)} = f(x)\mathrm{d}x . \tag{2}$$

此时，变量 x 与 y 已被分离在等号两边. 若 $f(x), g(x)$ 均为连续函数，在式(2)两端积分即得式(2)的通解.

例 1　求微分方程 $2xy' = y$ 的通解.

解　将方程分离变量得

$$\frac{2}{y}\mathrm{d}y = \frac{1}{x}\mathrm{d}x,$$

两边积分得通解

$$2\ln|y| = \ln|x| + C_1,$$

即

$$y^2 = Cx \quad (C = \pm e^{C_1}).$$

显然 $y \equiv 0$ 也是方程的解，在分离变量时被丢掉，应补上，所以上式中的 C 也可以取零，因此通解 $y^2 = Cx$ 中的 C 是任意常数.

例 2　求方程 $\mathrm{d}y = \sqrt{1-y^2}\mathrm{d}x$ 的通解.

解　分离变量得

$$\frac{\mathrm{d}y}{\sqrt{1-y^2}} = \mathrm{d}x,$$

两边积分得通解 $\arcsin y = x + C, \ x \in \left(-C - \dfrac{\pi}{2}, \ -C + \dfrac{\pi}{2}\right)$.

4.3.3　一阶线性微分方程

形如

$$\frac{\mathrm{d}y}{\mathrm{d}x} + P(x)y = Q(x) \tag{3}$$

的方程称为**一阶线性微分方程**，它是未知函数及其导数的一次方程，其中 $P(x), Q(x)$ 为某区间上的已知函数，当 $Q(x) \equiv 0$ 时，方程

$$\frac{\mathrm{d}y}{\mathrm{d}x} + P(x)y = 0 \tag{4}$$

称为**一阶齐次线性方程**，相应地把 $Q(x) \neq 0$ 的方程(3)称为**一阶非齐次线性方程**.

方程(4)为可分离变量微分方程，其通解(也是全部解)为

$$y = Ce^{-\int P(x)dx}.$$

为了求(3)的通解，我们使用常数变易法，即令上式中的 C 为 x 的函数，使

$$y = C(x)e^{-\int P(x)dx}$$

为(3)的解，代入(3)，得

$$C'(x)e^{-\int P(x)dx} - C(x)e^{-\int P(x)dx}P(x) + P(x)C(x)e^{-\int P(x)dx} = Q(x),$$

从而 $C(x)$ 满足方程

$$C'(x) = Q(x)e^{\int P(x)dx}.$$

积分得

$$C(x) = \int Q(x)e^{\int P(x)dx}dx + C,$$

于是一阶非齐次线性方程(3)的通解公式为

$$y = e^{-\int P(x)dx}\left(C + \int Q(x)e^{\int P(x)dx}dx\right). \tag{5}$$

公式(5)说明：非齐次线性方程的通解等于对应的齐次线性方程的通解 $Ce^{-\int P(x)dx}$ 与它自己的一个特解 $e^{-\int P(x)dx}\int Q(x)e^{\int P(x)dx}dx$ 之和.

例 3　解初值问题

$$\begin{cases} (x^2-1)y' + 2xy - \cos x = 0, \\ y|_{x=0} = 1. \end{cases}$$

解　将方程写为标准形式

$$y' + \frac{2x}{x^2-1}y = \frac{\cos x}{x^2-1},$$

这是 $P(x) = \dfrac{2x}{x^2-1}$, $Q(x) = \dfrac{\cos x}{x^2-1}$ 的一阶非齐次线性方程. 由公式(5)得通解

$$y = e^{-\int \frac{2x}{x^2-1}dx}\left(C + \int \frac{\cos x}{x^2-1}e^{\int \frac{2x}{x^2-1}dx}dx\right)$$

$$= \frac{1}{x^2-1}(C + \sin x).$$

由初始条件 $y|_{x=0} = 1$，确定 $C = -1$，于是初值问题的解为

$$y = \frac{1 - \sin x}{1 - x^2}.$$

例 4 求微分方程

$$(y^2 - 6x)\mathrm{d}y - 2y\mathrm{d}x = 0$$

的通解.

解 在上式中将 y 看成 x 的函数，显然它关于 y 不是线性的，但若将它改写为

$$\frac{\mathrm{d}x}{\mathrm{d}y} + \frac{3}{y}x = \frac{y}{2},$$

这是关于 x 的一阶线性微分方程. 代入通解公式(5)得

$$x = \frac{1}{y^3}\left(C + \frac{1}{2}\int y^4 \mathrm{d}y\right) = \frac{y^2}{10} + \frac{C}{y^3}.$$

解微分方程时，通常不计较哪个是自变量哪个是因变量，视方便而定，关键在于找到两个变量间的函数关系，解可以是显函数，也可以是隐函数，甚至是参数形式的.

4.3.4　变量代换

变量代换在极限运算和积分运算中已看到了其作用，其实在数学的各个方面变量代换都是极重要的，下面用变量代换的方法来简化、求解微分方程.

如果一阶微分方程可以写成

$$\frac{\mathrm{d}y}{\mathrm{d}x} = g\left(\frac{y}{x}\right) \tag{6}$$

的形式，则称为**齐次方程**.

作变换，令 $u = \dfrac{y}{x}$，即 $y = ux$，则 $\dfrac{\mathrm{d}y}{\mathrm{d}x} = u + x\dfrac{\mathrm{d}u}{\mathrm{d}x}$，代入方程(6)便得到 u 满足的方程

$$u + x\frac{\mathrm{d}u}{\mathrm{d}x} = g(u),$$

即

$$\frac{\mathrm{d}u}{\mathrm{d}x} = \frac{g(u) - u}{x}.$$

这是可分离变量的方程，求出通解后，用 $\dfrac{y}{x}$ 替代 u，就得到原方程的通解.

例 5 求如下初值问题

$$\begin{cases} x^2 y' + xy = y^2, \\ y\mid_{x=1}=1 \end{cases}$$

的解.

解　将原方程变形为

$$y' = \left(\frac{y}{x}\right)^2 - \frac{y}{x}.$$

令 $u = \dfrac{y}{x}$，有

$$\frac{\mathrm{d}u}{u^2 - 2u} = \frac{\mathrm{d}x}{x}.$$

积分得

$$\frac{1}{2}[\ln|u-2| - \ln|u|] = \ln|x| + C_1,$$

即

$$\frac{u-2}{u} = Cx^2 \quad (C = \pm \mathrm{e}^{2C_1}),$$

则原方程的通解为

$$\frac{y-2x}{y} = Cx^2.$$

由 $y\mid_{x=1}=1$，得 $C = -1$. 故所求的特解为

$$\frac{y-2x}{y} = -x^2 \quad 或 \quad y = \frac{2x}{1+x^2}.$$

习　题　4.3

1．求下列初值问题的解.

(1) $\begin{cases} y' = \sin x, \\ y\mid_{x=0}=1; \end{cases}$　　　　　(2) $\begin{cases} y'' = 6x, \\ y\mid_{x=0}=0, y'\mid_{x=0}=2. \end{cases}$

2．求下列方程的通解.

(1) $y' = \mathrm{e}^{2x-y}$；　　　　　(2) $y' = \sqrt{\dfrac{1-y^2}{1-x^2}}$；

(3) $(y+3)\mathrm{d}x + \cot x \,\mathrm{d}y = 0$；　　　　　(4) $y - xy' = a(y^2 + y')$，　a 为常数.

3．解下列初值问题.

(1) $\begin{cases} y'\sin x = y\ln y, \\ y|_{x=\pi/2}=e; \end{cases}$　　　　(2) $\begin{cases} y^2\mathrm{d}x+(x+1)\mathrm{d}y=0, \\ y|_{x=0}=1. \end{cases}$

4．求一条曲线，通过点 $(-1,1)$ 且其上任一点处的切线的横截距等于切点横坐标的平方．

5．求下列方程的通解．

(1) $y'=2xy-x^3+x$；　　　　(2) $\cos^2 x\dfrac{\mathrm{d}y}{\mathrm{d}x}+y=\tan x$；

(3) $\dfrac{\mathrm{d}y}{\mathrm{d}x}=2\sqrt{\dfrac{y}{x}}+\dfrac{y}{x}$；　　　　(4) $(x+y)y'+(x-y)=0$．

6．某一新品牌用品开始在市场上的售价为 p 元，如果价格定高了，社会需求就少，导致供给大于需求，必然要降价；如果价格低了，厂商供货，社会需求大，必然要提价．最终有一个供需平衡的价格，记为 p_0．市场上价格的变化率与当时的销售价同平衡价格之差成正比，写出售价 $p=p(t)$ 满足的微分方程．

4.4　函数的定积分

4.4.1　定积分的概念

定积分概念也是由大量的实际问题抽象出来的，现举一例．

曲边梯形的面积

求由连续曲线 $y=f(x)>0$ 及直线 $x=a,x=b$ 和 $y=0$ 所围成的曲边梯形的面积 S．

当 $f(x)\equiv h$（常数）时，由矩形面积公式知，$S=(b-a)h$．对 $f(x)$ 的一般情况，曲线上各点处高度是变化的，采取下列步骤来求面积 S．

（1）分割：用分点

$$a=x_1<x_2<\cdots<x_i<x_{i+1}<\cdots<x_n<x_{n+1}=b,$$

把区间 $[a,b]$ 分为 n 个小区间，使每个小区间 $[x_i,x_{i+1}]$ 上 $f(x)$ 变化较小，记 $\Delta x_i=x_{i+1}-x_i$，用 ΔS_i 表示 $[x_i,x_{i+1}]$ 上对应的窄曲边梯形的面积（图 4.4）．

（2）作积：在每个区间 $[x_i,x_{i+1}]$ 内任取一点 ξ_i，以 $f(\xi_i)$ 为高，Δx_i 为底的矩形面积近似代替 ΔS_i，有

$$\Delta S_i\approx f(\xi_i)\Delta x_i,\quad i=1,2,\cdots,n.$$

（3）求和：这些窄矩形面积之和可以作为曲边梯形面积 S 的近似值．

$$S\approx\sum_{i=1}^{n}f(\xi_i)\Delta x_i.$$

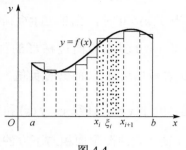

图 4.4

（4）取极限：为得到 S 的精确值，让分割无限细密，设 $\lambda = \max\limits_{1 \leqslant i \leqslant n}\{|\Delta x_i|\}$，令 $\lambda \to 0$（蕴涵着 $n \to \infty$），取极限，极限值就是给定的图形的面积

$$S = \lim_{\lambda \to 0} \sum_{i=1}^{n} f(\xi_i)\Delta x_i.$$

可见，为了求曲边梯形的面积，需对 $f(x)$ 作如上的乘积和式的极限运算.

类似的例子很多，比如，变速直线运动的路程、变力做功的计算等.

定义 4.5　设函数 $f(x)$ 在区间 $[a,b]$ 上有定义，用分点

$$a = x_1 < x_2 < \cdots < x_i < x_{i+1} < \cdots < x_n < x_{n+1} = b,$$

将 $[a,b]$ 分为 n 个小区间 $[x_i, x_{i+1}]$，记 $\Delta x_i = x_{i+1} - x_i$，$\lambda = \max\limits_{1 \leqslant i \leqslant n}\{|\Delta x_i|\}$. 任取 $\xi_i \in [x_i, x_{i+1}]$，$i = 1, 2, \cdots, n$. 如果乘积的和式

$$\sum_{i=1}^{n} f(\xi_i)\Delta x_i$$

（称为**积分和**）的极限

$$\lim_{\lambda \to 0} \sum_{i=1}^{n} f(\xi_i)\Delta x_i$$

存在，且这个极限值与 x_i 和 ξ_i 的取法无关，则说 $f(x)$ 在 $[a,b]$ 上**可积**，并称此极限值为 $f(x)$ 在区间 $[a,b]$ 上由 a 到 b 的**定积分**，用记号 $\int_a^b f(x)\mathrm{d}x$ 表示，即

$$\int_a^b f(x)\mathrm{d}x = \lim_{\lambda \to 0} \sum_{i=1}^{n} f(\xi_i)\Delta x_i.$$

称 $f(x)$ 为**被积函数**，$f(x)\mathrm{d}x$ 为**被积表达式**，x 为积分变量，a 为积分下限，b 为积分上限，$[a,b]$ 为积分区间. 称 $\int$ 为积分号，它是由拉丁文 "和"（Summa）字的字头 S 拉长而来的.

定积分的几何意义　　当 $f(x) > 0$ 时，由前边的讨论知 $\displaystyle\int_a^b f(x)\mathrm{d}x$ 表示由曲线 $y = f(x)$ 和直线 $x = a,\ x = b$ 及 $y = 0$ 围成的曲边梯形的面积；当 $f(x) < 0$ 时，由于 $f(\xi_i)\Delta x_i < 0$，所以 $\displaystyle\int_a^b f(x)\mathrm{d}x$ 表示曲边梯形面积的负值. 所以对一般函数 $f(x)$，定积分 $\displaystyle\int_a^b f(x)\mathrm{d}x$ 的几何意义是：介于 x 轴，曲线 $y = f(x)$ 和直线 $x = a,\ x = b$ 之间的各部分图形面积的代数和——在 x 轴上方的图形面积与下方的图形面积数之差(图 4.5).

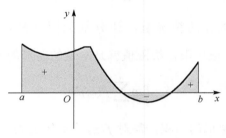

图 4.5

哪些函数可积呢？下述定理给出了解答.

定理 4.3　　如果 $f(x) \in C[a,b]$，则 $f(x)$ 在 $[a,b]$ 上可积.

定理 4.4　　如果 $f(x)$ 在 $[a,b]$ 上除有限个第一类间断点外处处连续，则 $f(x)$ 在 $[a,b]$ 上可积.

4.4.2　定积分的简单性质

定积分是由被积函数与积分区间所确定的一个数

$$\int_a^b f(x)\mathrm{d}x = \lim_{\lambda \to 0} \sum_{i=1}^n f(\xi_i)\Delta x_i.$$

由此不难得到下列性质. 这里，假定所涉及的定积分都存在.

(1) $\displaystyle\int_b^a f(x)\mathrm{d}x = -\int_a^b f(x)\mathrm{d}x$ (有向性).

(2) $\displaystyle\int_a^a f(x)\mathrm{d}x = 0.$

(3) $\displaystyle\int_a^b 1\mathrm{d}x = b - a.$

(4) $\displaystyle\int_a^b [kf(x) + lg(x)]\mathrm{d}x = k\int_a^b f(x)\mathrm{d}x + l\int_a^b g(x)\mathrm{d}x$ (k, l 为常数).

这条性质称为定积分的**线性性质**.

(5) $\int_a^b f(x)\mathrm{d}x = \int_a^c f(x)\mathrm{d}x + \int_c^b f(x)\mathrm{d}x$，其中 c 可以在区间 $[a,b]$ 内，也可以在区间外，此性质称为**区间可加性**.

(6) 若在区间 $[a,b]$ 上 $f(x) \leqslant g(x)$，则有

$$\int_a^b f(x)\mathrm{d}x \leqslant \int_a^b g(x)\mathrm{d}x \quad (\text{保序性}).$$

(7) 若在区间 $[a,b]$ 上，$m \leqslant f(x) \leqslant M$，则有

$$m(b-a) \leqslant \int_a^b f(x)\mathrm{d}x \leqslant M(b-a).$$

利用性质 (3) 及 (4)，(6) 便可推得这个积分的估计值.

(8) $\left| \int_a^b f(x)\mathrm{d}x \right| \leqslant \int_a^b |f(x)|\,\mathrm{d}x\,(a<b).$

由不等式 $-|f(x)| \leqslant f(x) \leqslant |f(x)|$ 和性质 (6) 不难推出这个结果.

(9) 定积分值与积分变量的记号无关，即

$$\int_a^b f(x)\mathrm{d}x = \int_a^b f(t)\mathrm{d}t.$$

(10) **定积分中值定理**　设 $f(x) \in C[a,b]$，则至少存在一点 $\xi \in [a,b]$，使得

$$\int_a^b f(x)\mathrm{d}x = f(\xi)(b-a).$$

这个定理告诉我们如何去掉积分号来表示积分值.

4.4.3　微积分基本定理

由定积分的定义

$$\int_a^b f(x)\mathrm{d}x = \lim_{\lambda \to \infty} \sum_{i=1}^n f(\xi_i)\Delta x_i,$$

计算定积分是非常困难的，甚至常常是不可能的. 历史上，由于微分学的研究远远晚于积分学，所以定积分计算问题长期未能解决，积分学的发展很缓慢. 直到 17 世纪最后 30 年，牛顿和莱布尼茨把两个貌似无关的微分问题和积分问题联系起来，建立了微积分学基本定理，才为定积分的计算提供了统一的简洁的方法.

为学习此定理，先给出变上限积分函数的概念.

设 $f(x)$ 在区间 $[a,b]$ 上可积，则对任一点 $x \in [a,b]$，定积分

$$\int_a^x f(t)\mathrm{d}t$$

都有确定的值，所以这个定积分是上限 x 的函数，记为 $\Phi(x)$，即

$$\varPhi(x) = \int_a^x f(t)\mathrm{d}t \quad (a \leqslant x \leqslant b).$$

注　这样定义的函数一定是$[a,b]$上的连续函数，这个函数的几何意义是图 4.6 中阴影部分的面积函数.

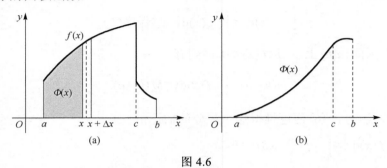

图 4.6

定理 4.5（微积分学基本定理第一部分）　设 $f(x) \in C[a,b]$，则积分上限函数

$$\varPhi(x) = \int_a^x f(t)\mathrm{d}t$$

在$[a,b]$上连续可微，且对上限的导数等于被积函数在上限处的值（图 4.6），即

$$\varPhi'(x) = \frac{\mathrm{d}}{\mathrm{d}x}\int_a^x f(t)\mathrm{d}t = f(x) \quad (a \leqslant x \leqslant b). \tag{1}$$

证明　因为

$$\varPhi(x + \Delta x) = \int_a^{x+\Delta x} f(t)\mathrm{d}t,$$

所以由定积分性质(5)和积分中值定理有

$$\Delta\varPhi = \varPhi(x + \Delta x) - \varPhi(x) = \int_a^{x+\Delta x} f(t)\mathrm{d}t - \int_a^x f(t)\mathrm{d}t$$

$$= \int_x^{x+\Delta x} f(t)\mathrm{d}t = f(\xi)\Delta x,$$

其中 ξ 介于 $x, x + \Delta x$ 之间. 因 $f(x)$ 连续，故

$$\varPhi'(x) = \lim_{\Delta x \to 0}\frac{\Delta\varPhi}{\Delta x} = \lim_{\Delta x \to 0} f(\xi) = f(x). \qquad \square$$

定理 4.5 指出积分运算和微分运算为逆运算的关系，它把微分和积分联结为一个有机的整体——微积分，所以它是微积分学基本定理.

例 1　$\left(\displaystyle\int_0^x \mathrm{e}^{2t}\mathrm{d}t\right)' = \mathrm{e}^{2x}$,

$$\left(\int_x^\pi \cos^2 t \mathrm{d}t\right)' = \left(-\int_\pi^x \cos^2 t \mathrm{d}t\right)' = -\cos^2 x,$$

$$\left(\int_x^{x^2} \ln t \mathrm{d}t\right)' = \left(\int_x^1 \ln t \mathrm{d}t + \int_1^{x^2} \ln t \mathrm{d}t\right)' = -\ln x + 2x \ln x^2 = (4x-1)\ln x.$$

定理 4.6（微积分学基本定理第二部分）　如果 $F(x)$ 是 $[a,b]$ 区间上连续函数 $f(x)$ 的一个原函数，则

$$\int_a^b f(x)\mathrm{d}x = F(b) - F(a). \tag{2}$$

证明　因 $F(x)$ 及 $\Phi(x) = \int_a^x f(t)\mathrm{d}t$ 都是 $f(x)$ 在 $[a,b]$ 上的原函数，故有

$$\Phi(x) = F(x) + C, \quad \forall x \in [a,b],$$

C 是待定常数，即有

$$\int_a^x f(t)\mathrm{d}t = F(x) + C, \quad \forall x \in [a,b].$$

令 $x = a$，由上式得 $0 = F(a) + C$，于是 $C = -F(a)$，可见

$$\int_a^x f(t)\mathrm{d}t = F(x) - F(a), \quad \forall x \in [a,b].$$

特别地，令 $x = b$，上式就变为公式 (2). 公式 (2) 称为**牛顿-莱布尼茨公式**.　　□

公式 (2) 表明了连续函数的定积分与不定积分之间的关系. 它把复杂的乘积和式的极限运算转化为被积函数的原函数在积分上、下限 b, a 两点处函数值之差. 习惯用 $F(x)\big|_a^b$ 表示 $F(b) - F(a)$，于是式 (2) 可写为

$$\int_a^b f(x)\mathrm{d}x = F(x)\big|_a^b = F(b) - F(a).$$

例 2　$\displaystyle\int_{-1}^1 \frac{1}{1+x^2}\mathrm{d}x = \arctan x \Big|_{-1}^1 = \frac{\pi}{4} - \left(-\frac{\pi}{4}\right) = \frac{\pi}{2}.$

$$\int_0^\pi \sin x \mathrm{d}x = -\cos x \Big|_0^\pi = 1 - (-1) = 2.$$

例 3　设 $f(x) = \begin{cases} 2x, & 0 \leqslant x \leqslant 1, \\ 5, & 1 < x \leqslant 2, \end{cases}$ 求 $\displaystyle\int_0^2 f(x)\mathrm{d}x.$

解

$$\int_0^2 f(x)\mathrm{d}x = \int_0^1 2x\mathrm{d}x + \int_1^2 5\mathrm{d}x = x^2\big|_0^1 + 5x\big|_1^2 = 1 + 5 = 6.$$

4.4.4　定积分的换元积分法与分部积分法

定积分的计算方法也是换元积分法和分部积分法两种，但在计算中和不定积分还是有些区别的.

1. 定积分的换元法

定理 4.7　设 $f(x) \in C[a,b]$，对变换 $x = \varphi(t)$，若有常数 α, β 满足：

(i) $\varphi(\alpha) = a$，$\varphi(\beta) = b$；

(ii) 在 α, β 界定的区间上，$a \leqslant \varphi(t) \leqslant b$；

(iii) 在 α, β 界定的区间上，$\varphi(t)$ 有连续的导数，

则

$$\int_a^b f(x)\mathrm{d}x = \int_\alpha^\beta f[\varphi(t)]\varphi'(t)\mathrm{d}t.$$

定理 4.7 说明用换元积分法计算定积分时，应把积分上、下限同时换为新的积分变量的上、下限，通过新的积分算出积分值. 这样避免了求 $f(x)$ 的原函数，所以对变换 $x = \varphi(t)$ 也不要求它有反函数.

例 4　计算 $\int_0^a \sqrt{a^2 - x^2}\,\mathrm{d}x (a > 0)$.

解　令 $x = a\sin t$，当 $x = 0$ 时，$t = 0$，当 $x = a$ 时，$t = \dfrac{\pi}{2}$. 于是 $\sqrt{a^2 - x^2} = a\cos t$，$\mathrm{d}x = a\cos t\mathrm{d}t$，故

$$\int_0^a \sqrt{a^2 - x^2}\,\mathrm{d}x = a^2 \int_0^{\pi/2} \cos^2 t\mathrm{d}t = \frac{a^2}{2}\int_0^{\pi/2}(1 + \cos 2t)\mathrm{d}t$$

$$= \frac{a^2}{2}\left(t + \frac{1}{2}\sin 2t\right)\Bigg|_0^{\pi/2} = \frac{1}{4}\pi a^2.$$

例 5　计算 $\int_0^4 \dfrac{x + 2}{\sqrt{2x + 1}}\mathrm{d}x$.

解　令 $\sqrt{2x + 1} = t$，即 $x = \dfrac{t^2 - 1}{2}$. 当 $x = 0$ 时，$t = 1$，当 $x = 4$ 时，$t = 3$, $\mathrm{d}x = t\mathrm{d}t$，故

$$\int_0^4 \frac{x + 2}{\sqrt{2x + 1}}\mathrm{d}x = \int_1^3 \frac{\dfrac{t^2 - 1}{2} + 2}{t}t\mathrm{d}t = \frac{1}{2}\int_1^3 (t^2 + 3)\mathrm{d}t = \frac{22}{3}.$$

例 6　设 $f(x)$ 在区间 $[-a, a]$ 上连续，则

$$\int_{-a}^{a} f(x)\mathrm{d}x = \int_{0}^{a}[f(x)+f(-x)]\mathrm{d}x.$$

证明　由于

$$\int_{-a}^{a} f(x)\mathrm{d}x = \int_{-a}^{0} f(x)\mathrm{d}x + \int_{0}^{a} f(x)\mathrm{d}x,$$

对积分 $\int_{-a}^{0} f(x)\mathrm{d}x$ 作变换，令 $x=-t$，则

$$\int_{-a}^{0} f(x)\mathrm{d}x = -\int_{a}^{0} f(-t)\mathrm{d}t = \int_{0}^{a} f(-t)\mathrm{d}t,$$

故有

$$\int_{-a}^{a} f(x)\mathrm{d}x = \int_{0}^{a}[f(x)+f(-x)]\mathrm{d}x. \qquad\qquad \square$$

由定积分定义不难推证，对一般可积函数，例 6 中的公式也成立. 更重要的是下面两个结果：

(1) 若 $f(x)$ 为可积的偶函数，则 $\int_{-a}^{a} f(x)\mathrm{d}x = 2\int_{0}^{a} f(x)\mathrm{d}x.$

(2) 若 $f(x)$ 为可积的奇函数，则 $\int_{-a}^{a} f(x)\mathrm{d}x = 0.$

利用这一结果计算：

$$\int_{-\pi/4}^{\pi/4} \frac{\cos x}{1+\mathrm{e}^{-x}}\mathrm{d}x = \int_{0}^{\pi/4}\left(\frac{\cos x}{1+\mathrm{e}^{-x}}+\frac{\cos x}{1+\mathrm{e}^{x}}\right)\mathrm{d}x = \int_{0}^{\pi/4}\cos x\mathrm{d}x = \frac{\sqrt{2}}{2},$$

$$\int_{-1}^{2} x\sqrt{|x|}\mathrm{d}x = \int_{-1}^{1} x\sqrt{|x|}\mathrm{d}x + \int_{1}^{2} x\sqrt{|x|}\mathrm{d}x = \int_{1}^{2} x^{\frac{3}{2}}\mathrm{d}x = \frac{2}{5}(4\sqrt{2}-1),$$

$$\int_{-2}^{2} \frac{x^5+x^4-x^3-x^2-2}{1+x^2}\mathrm{d}x = 2\int_{0}^{2}\frac{x^4-x^2-2}{1+x^2}\mathrm{d}x = 2\int_{0}^{2}(x^2-2)\mathrm{d}x = -\frac{8}{3}.$$

2. 定积分的分部积分法

定理 4.8　设 $u(x),v(x)$ 在区间 $[a,b]$ 上有连续的导数，则

$$\int_{a}^{b} u(x)v'(x)\mathrm{d}x = u(x)v(x)\bigg|_{a}^{b} - \int_{a}^{b} u'(x)v(x)\mathrm{d}x.$$

由不定积分的分部积分法及牛顿-莱布尼茨公式，这是显然的.

例 7　$\displaystyle\int_0^{\pi/2} x^2 \sin x \mathrm{d}x = -x^2 \cos x \Big|_0^{\pi/2} + 2\int_0^{\pi/2} x \cos x \mathrm{d}x$

$\qquad\qquad = 2x \sin x \Big|_0^{\pi/2} - 2\int_0^{\pi/2} \sin x \mathrm{d}x = \pi + 2\cos x \Big|_0^{\pi/2} = \pi - 2.$

例 8　$\displaystyle\int_0^1 x \arctan x \mathrm{d}x = \frac{1}{2}x^2 \arctan x \Big|_0^1 - \frac{1}{2}\int_0^1 \frac{x^2}{1+x^2}\mathrm{d}x$

$\qquad\qquad = \frac{\pi}{8} - \frac{1}{2}(x - \arctan x)\Big|_0^1 = \frac{\pi}{4} - \frac{1}{2}.$

4.4.5　定积分的应用

1. 平面图形的面积

下面我们根据定积分的几何意义给出平面图形面积公式.

设平面图形是由曲线 $y = f(x)$, $y = g(x)$ 及直线 $x = a, x = b$ 所围成(称为 x-型区域)，其中 $f(x) \geqslant g(x)$，且均在 $[a,b]$ 上连续(图 4.7).

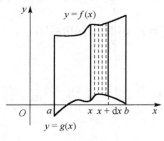

图 4.7

根据定积分的几何意义可知，所求的面积为

$$S = \int_a^b [f(x) - g(x)]\mathrm{d}x.$$

同样地，由曲线 $x = f(y)$, $x = g(y)$ $(f(y) \geqslant g(y))$ 和直线 $y = c$，$y = d$ 围成的区域(称为 y-型区域)的面积(图 4.8)

$$S = \int_c^d [f(y) - g(y)]\mathrm{d}y.$$

一般情况下，由曲线围成的区域，总可以分成若干块 x-型区域或 y-型区域. 如图 4.9 所示，只要分别算出每块的面积再相加即可.

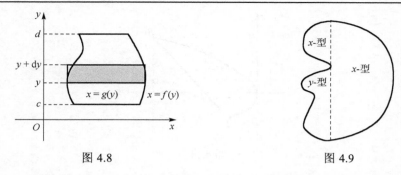

图 4.8　　　　　　　　　　　　　　　　　　图 4.9

例 9　求由抛物线 $y = x^2$ 和 $y^2 = x$ 所围成的平面图形(图 4.10)的面积.

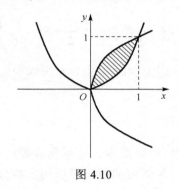

图 4.10

解　解联立方程

$$\begin{cases} y = x^2, \\ x = y^2, \end{cases}$$

求得交点 $(0,\ 0)$ 和 $(1,\ 1)$，由公式知此图形的面积

$$S = \int_0^1 (\sqrt{x} - x^2) \mathrm{d}x$$

$$= \left(\frac{2}{3} x^{\frac{3}{2}} - \frac{1}{3} x^3 \right) \Bigg|_0^1$$

$$= \frac{2}{3} - \frac{1}{3} = \frac{1}{3}.$$

此题也可以看成 y-型区域，同样可以得到结论.

例 10　求抛物线 $y^2 = 2x$ 与直线 $y = x - 4$ 围成的平面图形的面积(图 4.11).

解　此题宜取 y 为积分变量，解联立方程

$$\begin{cases} y^2 = 2x, \\ y = x - 4, \end{cases}$$

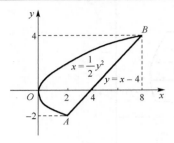

图 4.11

得交点 $A(2, -2)$, $B(8, 4)$. 积分区间为 $[-2, 4]$，于是

$$S = \int_{-2}^{4} \left(y + 4 - \frac{1}{2}y^2 \right) \mathrm{d}y = \left(\frac{y^2}{2} + 4y - \frac{y^3}{6} \right) \Big|_{-2}^{4} = 18.$$

此题若以 x 为积分变量，则因这时区域下方边界曲线方程是两个函数，故需分两块计算.

2. 定积分在经济中的应用

当已知某经济量的变化率(边际成本、边际利润等)，在某种条件下，求该经济量某一时刻或某一时期或某一区间内的值，可以用定积分来解决.

例 11 某企业生产某种产品的固定成本为 40(产量为 0 时的成本)，产品的边际成本函数为

$$f(x) = 0.5x + 3,$$

求总成本函数，当产品产量从 10 增加到 100 时，其成本增量是多少？

解 设总成本函数为 $C(x)$，边际成本函数的原函数为

$$\int (0.5x + 3)\mathrm{d}x = \frac{1}{4}x^2 + 3x + c.$$

将 $C(0) = 40$ 代入上式，可得常数值 $c = 40$. 故总成本函数为

$$C(x) = 0.25x^2 + 3x + 40.$$

将产量 $x = 10$，$x = 100$ 分别代入总成本函数，二者相差即得题中所求的成本增量.

$$C(10) = 0.25 \times 10^2 + 3 \times 10 + 40 = 95,$$
$$C(100) = 0.25 \times 100^2 + 3 \times 100 + 40 = 2840,$$
$$C(100) - C(10) = 2840 - 95 = 2745,$$

二者的成本增量也可以通过定积分求出.

$$C(100) - C(10) = \int_{10}^{100} (0.5x + 3)\mathrm{d}x$$

$$= (0.25x^2 + 3x)\Big|_{10}^{100} = 2745.$$

例 12　某种产品在时刻 t 时的总产量的变化率为

$$f(t) = 12t + 100 \,(台/小时),$$

求时刻 2 到时刻 4 这两小时之间的总产量.

解　该问题是求变化率在 2 到 4 之间的定积分.

$$\int_{2}^{4} (12t + 100)\mathrm{d}t = (6t^2 + 100t)\Big|_{2}^{4}$$

$$= 6 \times (16 - 4) + 100 \times (4 - 2)$$

$$= 272,$$

即时刻 2 到时刻 4 两个小时之间的总产量为 272 台.

例 13　已知某种产品的边际收益率为

$$R(x) = 100 - \frac{x}{30},$$

x 为产品产量,求产品产量的总收益函数和平均收益函数,并求产量为 200 时的总收益和平均收益.

解　总收益是边际收益在 $[0,x]$ 上的定积分,故总收益函数为

$$R(x) = \int_{0}^{x} \left(100 - \frac{x}{30}\right)\mathrm{d}x$$

$$= \left(100x - \frac{x^2}{60}\right)\Big|_{0}^{x}$$

$$= 100x - \frac{1}{60}x^2,$$

或者,用不定积分求出原函数,然后,将产量为 0 时,总收益为 0 的条件代入,求得积分常数,所得到的总收益函数与上相同.

将总收益函数除以产量 x 即得平均收益函数.

$$\overline{R(x)} = \frac{R(x)}{x} = 100 - \frac{x}{60},$$

当 $x = 200$ 时,总收益、平均收益分别为

$$R(200) = 100 \times 200 - \frac{1}{6} \times 200^2 = 19333.33,$$

$$\overline{R(200)} = 100 - \frac{1}{6} \times 200 = 96.67.$$

习　题　4.4

1．比较下列各组积分的大小，指明较大的一个.

(1) $\int_0^1 x^2 \mathrm{d}x$ 与 $\int_0^1 x^3 \mathrm{d}x$；

(2) $\int_0^\pi \sin x \mathrm{d}x$ 与 $\int_0^{2\pi} \sin x \mathrm{d}x$.

2．选择题.

设 $f(x) \in C[a,b]$，且 $\int_a^b f(x)\mathrm{d}x = 0$，则在 $[a,b]$ 上（　　）.

A．必有 x_1, x_2，使 $f(x_1)f(x_2) < 0$ 　　　　B．$f(x) \equiv 0$

C．必有 x_0，使 $f(x_0) = 0$ 　　　　D．$f(x) \neq 0$

3．求下列函数的导数.

(1) $\int_1^x \frac{\sin t}{t} \mathrm{d}t \ (x > 0)$；

(2) $\int_x^0 \sqrt{1+t^4} \mathrm{d}t$；

(3) $\int_0^{x^2} \frac{t\sin t}{1+\cos^2 t} \mathrm{d}t$；

(4) $\int_x^{x^2} \mathrm{e}^{-t^2} \mathrm{d}t$；

(5) $\sin\left(\int_0^x \frac{\mathrm{d}t}{1+\sin^2 t}\right)$；

(6) $\int_0^x x f(t) \mathrm{d}t$.

4．用牛顿-莱布尼茨公式计算定积分.

(1) $\int_0^3 2x \mathrm{d}x$；

(2) $\int_0^1 \frac{\mathrm{d}x}{1+x^2}$；

(3) $\int_0^{\pi/2} \cos x \mathrm{d}x$；

(4) $\int_1^0 \mathrm{e}^x \mathrm{d}x$；

(5) $\int_{\pi/4}^{\pi/2} \frac{1}{\sin^2 x} \mathrm{d}x$；

(6) $\int_{-1/2}^{1/2} \frac{\mathrm{d}x}{\sqrt{1-x^2}}$；

(7) $\int_1^2 \frac{\mathrm{d}x}{x+x^3}$；

(8) $\int_1^{\mathrm{e}} \frac{1+\ln x}{x} \mathrm{d}x$.

5．设 $f(x) = \begin{cases} x^2, & 0 \leqslant x < 1, \\ 1+x, & 1 \leqslant x \leqslant 2, \end{cases}$ 求 $\int_{1/2}^{3/2} f(x) \mathrm{d}x$.

6．计算下列积分.

(1) $\int_4^9 \frac{\sqrt{x}}{\sqrt{x}-1} \mathrm{d}x$；

(2) $\int_0^{\ln 2} \sqrt{\mathrm{e}^x - 1} \mathrm{d}x$；

(3) $\displaystyle\int_{1/\sqrt{2}}^{1}\frac{\sqrt{1-x^2}}{x^2}\mathrm{d}x;$　　　　　　　　　(4) $\displaystyle\int_{-\sqrt{2}}^{-2}\frac{\mathrm{d}x}{\sqrt{x^2-1}}.$

7．计算下列积分．

(1) $\displaystyle\int_{0}^{\pi/2}x\sin^2x\mathrm{d}x;$　　　　　　　　　(2) $\displaystyle\int_{0}^{\pi/2}\mathrm{e}^{2x}\cos x\mathrm{d}x;$

(3) $\displaystyle\int_{0}^{\sqrt{3}}x\arctan x\mathrm{d}x;$　　　　　　　　(4) $\displaystyle\int_{0}^{1}x^3\mathrm{e}^{2x}\mathrm{d}x;$

(5) $\displaystyle\int_{-\pi/8}^{\pi/8}x^{88}\sin^{99}x\mathrm{d}x;$　　　　　　　(6) $\displaystyle\int_{-1/2}^{1/2}\cos x\ln\frac{1+x}{1-x}\mathrm{d}x..$

8．求曲线 $ax=y^2$ 及 $ay=x^2$ 围成的图形的面积 $(a>0)$．

9．曲线 $y=x(x-1)(x-2)$ 和 x 轴围成的图形的面积．

10．已知生产某产品 x 单位(百台)的边际成本函数和边际收益函数分别为

$$C'(x)=3+\frac{1}{3}x\,(单位：万元/百台)，$$

$$R'(x)=7-x\,(单位：万元/百台).$$

(1)若固定成本 $C(0)=1$ 万元，求总成本函数、总收益函数和总利润函数；

(2)当产量从 1 百台增加到 5 百台时，求总成本与总收益；

(3)产量为多少时，总利润最大？最大总利润为多少？

4.5　反　常　积　分

定积分 $\displaystyle\int_{a}^{b}f(x)\mathrm{d}x$ 受到两个限制，其一，积分区间 $[a,b]$ 是有限区间；其二，被积函数在积分区间上是有界函数．许多实际问题不满足这两个要求，为此需要引进新概念，解决新问题．

4.5.1　无穷区间上的反常积分

下面先引入下面的反常积分概念．

定义 4.6　设对任何大于 a 的实数 b，$f(x)$ 在 $[a,b]$ 上均可积，则称极限

$$\lim_{b\to+\infty}\int_{a}^{b}f(x)\mathrm{d}x$$

为 $f(x)$ 在无穷区间 $[a,+\infty)$ 上的**反常积分**(或**广义积分**)，记为 $\displaystyle\int_{a}^{+\infty}f(x)\mathrm{d}x$，即

$$\int_{a}^{+\infty}f(x)\mathrm{d}x=\lim_{b\to+\infty}\int_{a}^{b}f(x)\mathrm{d}x.$$

当这个极限存在时，则反常积分 $\int_a^{+\infty} f(x)\mathrm{d}x$ **收敛**（**存在**），否则说它**发散**.

类似地，定义反常积分

$$\int_{-\infty}^b f(x)\mathrm{d}x = \lim_{a\to-\infty}\int_a^b f(x)\mathrm{d}x;$$

$$\int_{-\infty}^\infty f(x)\mathrm{d}x = \int_{-\infty}^c f(x)\mathrm{d}x + \int_c^{+\infty} f(x)\mathrm{d}x,$$

其中 c 为任一实常数. 反常积分 $\int_{-\infty}^\infty f(x)\mathrm{d}x$ 收敛的充要条件是两个反常积分 $\int_{-\infty}^c f(x)\mathrm{d}x$ 和 $\int_c^{+\infty} f(x)\mathrm{d}x$ 均收敛.

若 $F(x)$ 是连续函数 $f(x)$ 的原函数，计算反常积分时，为书写方便，记

$$F(+\infty) = \lim_{x\to+\infty} F(x), \quad F(-\infty) = \lim_{x\to-\infty} F(x),$$

$$\int_a^{+\infty} f(x)\mathrm{d}x = F(x)\Big|_a^{+\infty} = F(+\infty) - F(a),$$

$$\int_{-\infty}^b f(x)\mathrm{d}x = F(x)\Big|_{-\infty}^b = F(b) - F(-\infty),$$

$$\int_{-\infty}^{+\infty} f(x)\mathrm{d}x = F(x)\Big|_{-\infty}^{+\infty} = F(+\infty) - F(-\infty).$$

这时反常积分的收敛与发散取决于 $F(+\infty)$ 和 $F(-\infty)$ 是否存在.

例1 $\int_0^{+\infty} \dfrac{\mathrm{d}x}{1+x^2} = \arctan x\Big|_0^{+\infty} = \dfrac{\pi}{2} - 0 = \dfrac{\pi}{2}$,

$$\int_{-\infty}^0 \dfrac{\mathrm{d}x}{1+x^2} = \arctan x\Big|_{-\infty}^0 = 0 - \left(-\dfrac{\pi}{2}\right) = \dfrac{\pi}{2},$$

$$\int_{-\infty}^{+\infty} \dfrac{\mathrm{d}x}{1+x^2} = \arctan x\Big|_{-\infty}^{+\infty} = \dfrac{\pi}{2} - \left(-\dfrac{\pi}{2}\right) = \pi.$$

这三个反常积分都收敛. 如果注意到第一个反常积分收敛和它的积分值，以及被积函数为偶函数，立刻就会得到后两个反常积分值.

例2 试证反常积分

$$\int_1^{+\infty} \dfrac{1}{x^p}\mathrm{d}x$$

当 $p>1$ 时收敛，当 $p \leqslant 1$ 时发散.

证明 当 $p=1$ 时，

$$\int_1^{+\infty} \frac{1}{x^p} \mathrm{d}x = \int_1^{+\infty} \frac{1}{x} \mathrm{d}x = \ln x \Big|_1^{+\infty} = +\infty.$$

当 $p \neq 1$ 时，

$$\int_1^{+\infty} \frac{1}{x^p} \mathrm{d}x = \frac{x^{1-p}}{1-p} \Big|_1^{+\infty} = \begin{cases} +\infty, & p < 1, \\ \dfrac{1}{p-1}, & p > 1. \end{cases}$$

故当 $p > 1$ 时，反常积分 $\displaystyle\int_1^{+\infty} \frac{1}{x^p} \mathrm{d}x = \frac{1}{p-1}$ 收敛，当 $p \leqslant 1$ 时，它发散 (图 4.12)．□

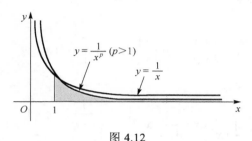

图 4.12

4.5.2 无界函数的反常积分

定义 4.7 若 $\forall \varepsilon > 0$，$f(x)$ 在 $[a+\varepsilon, b]$ 上可积，在 a 点右邻域内 $f(x)$ 无界 (称 a 为**瑕点**)，称极限

$$\lim_{\varepsilon \to 0} \int_{a+\varepsilon}^b f(x) \mathrm{d}x$$

为无界函数 $f(x)$ 在 $(a,b]$ 上的**反常积分** (或瑕积分)，记为 $\displaystyle\int_a^b f(x) \mathrm{d}x$，即

$$\int_a^b f(x) \mathrm{d}x = \lim_{\varepsilon \to 0} \int_{a+\varepsilon}^b f(x) \mathrm{d}x.$$

当这个极限存在时，则说反常积分 $\displaystyle\int_a^b f(x) \mathrm{d}x$ **收敛**，否则说它**发散**.

同样地，若 $\forall \varepsilon > 0$，$f(x)$ 在 $[a, b-\varepsilon]$ 上可积，在 b 的左邻域内 $f(x)$ 无界 (称 b 为瑕点)，定义反常积分

$$\int_a^b f(x) \mathrm{d}x = \lim_{\varepsilon \to 0} \int_a^{b-\varepsilon} f(x) \mathrm{d}x.$$

若 $\forall \varepsilon_1, \varepsilon_2 > 0$，$f(x)$ 在 $[a, d-\varepsilon_1]$ 和 $[d+\varepsilon_2, b]$ 上都可积，在点 d 的邻域内 $f(x)$ 无界，定义反常积分

$$\int_a^b f(x)\mathrm{d}x = \int_a^d f(x)\mathrm{d}x + \int_d^b f(x)\mathrm{d}x = \lim_{\varepsilon_1 \to 0}\int_a^{d-\varepsilon_1} f(x)\mathrm{d}x + \lim_{\varepsilon_2 \to 0}\int_{d+\varepsilon_2}^b f(x)\mathrm{d}x,$$

这里，只有两个反常积分 $\int_a^d f(x)\mathrm{d}x$ 和 $\int_d^b f(x)\mathrm{d}x$ 都收敛时，反常积分 $\int_a^b f(x)\mathrm{d}x$ 才是收敛的．

例 3　$\displaystyle\int_0^a \frac{\mathrm{d}x}{\sqrt{a^2-x^2}} = \arcsin\frac{x}{a}\bigg|_0^{a^-} = \frac{\pi}{2}.$

例 4　试证积分 $\displaystyle\int_0^1 \frac{1}{x^q}\mathrm{d}x$ 当 $q<1$ 时收敛，当 $q\geqslant1$ 时发散．

证明　当 $q=1$ 时，

$$\int_0^1 \frac{1}{x^q}\mathrm{d}x = \int_0^1 \frac{1}{x}\mathrm{d}x = \ln x\bigg|_{0^+}^1 = +\infty.$$

当 $q\neq1$ 时，

$$\int_0^1 \frac{1}{x^q}\mathrm{d}x = \frac{1}{1-q}x^{1-q}\bigg|_{0^+}^1 = \begin{cases} \dfrac{1}{1-q}, & q<1, \\ +\infty, & q>1. \end{cases}$$

故当 $q<1$ 时，反常积分 $\displaystyle\int_0^1 \frac{1}{x^q}\mathrm{d}x$ 收敛，当 $q\geqslant1$ 时发散．　　　　□

例 5　判定 $\displaystyle\int_{-1}^1 \frac{1}{x}\mathrm{d}x$ 的敛散性．

解　由于 $\displaystyle\int_0^1 \frac{1}{x}\mathrm{d}x$ 发散，所以 $\displaystyle\int_{-1}^1 \frac{1}{x}\mathrm{d}x$ 发散．

如果误认为 $\displaystyle\int_{-1}^1 \frac{1}{x}\mathrm{d}x$ 是定积分，则 $\displaystyle\int_{-1}^1 \frac{1}{x}\mathrm{d}x = 0$ 或认为 $\displaystyle\int_{-1}^1 \frac{1}{x}\mathrm{d}x = \lim_{\varepsilon\to0^+}\left(\int_{-1}^{-\varepsilon} \frac{1}{x}\mathrm{d}x + \int_\varepsilon^1 \frac{1}{x}\mathrm{d}x\right) = 0$，得到的结果都是错误的！

习　题　4.5

1．讨论下列反常积分的敛散性，若收敛，求其值．

(1) $\displaystyle\int_1^{+\infty} \frac{1}{x^4}\mathrm{d}x$；

(2) $\displaystyle\int_{-\infty}^{+\infty} \frac{\mathrm{d}x}{x^2+2x+2}$；

(3) $\displaystyle\int_{-2}^2 \frac{\mathrm{d}x}{x^2-1}$；

(4) $\displaystyle\int_0^2 \frac{\mathrm{d}x}{x\ln x}$；

(5) $\displaystyle\int_2^6 \frac{\mathrm{d}x}{\sqrt[3]{(4-x)^2}}$；

(6) $\displaystyle\int_1^{+\infty} \frac{\mathrm{d}x}{x\sqrt{x^2-1}}$．

微积分创始人之一——莱布尼茨

1646 年 7 月 1 日，莱布尼茨出生于德国东部莱比锡的一个书香之家，父亲弗里德希·莱布尼茨是莱比锡大学的道德哲学教授，母亲凯瑟琳娜·施马克出身于教授家庭，虔信路德新教.

莱布尼茨的父母亲自做孩子的启蒙教师，耳濡目染使莱布尼茨从小就十分好学，并有很高的天赋，幼年时就对诗歌和历史有着浓厚的兴趣.

莱布尼茨的父亲在他年仅 6 岁时便去世了，给他留下了比金钱更宝贵的、丰富的藏书，知书达理的母亲担负起了儿子的幼年教育. 莱布尼茨因此得以广泛接触古希腊、罗马文化，阅读了许多著名学者的著作，由此而获得了坚实的文化功底和明确的学术目标.

8 岁时，莱布尼茨进入尼古拉学校，学习拉丁文、希腊文、修词学、算术、逻辑、音乐以及《圣经》、路德教义等.

1661 年，15 岁的莱布尼茨进入莱比锡大学学习法律，一进校便跟上了大学二年级标准的人文学科的课程，他还抓紧时间学习哲学和科学. 1663 年 5 月，他以《论个体原则方面的形而上学争论》一文获学士学位. 这期间莱布尼茨还广泛阅读了培根、开普勒、伽利略等的著作，并对他们的著述进行深入的思考和评价. 在听了教授讲授的欧几里得的《几何原本》的课程后，莱布尼茨对数学产生了浓厚的兴趣.

1664 年 1 月，莱布尼茨完成了论文《论法学之艰难》，获哲学硕士学位，2 月 12 日，他母亲不幸去世. 18 岁的莱布尼茨从此只身一人生活，他一生在思想、性格等方面受母亲影响颇深.

1665 年，莱布尼茨向莱比锡大学提交了博士论文《论身份》，1666 年，审查委员会以他太年轻(年仅 20 岁)而拒绝授予他法学博士学位，黑格尔认为，这可能是由于莱布尼茨哲学见解太多，审查论文的教授看到他大力研究哲学，心里很不乐意. 他对此很气愤，于是毅然离开莱比锡，前往纽伦堡附近的阿尔特多夫大学，并立即向学校提交了早已准备好的那篇博士论文，1667 年 2 月，阿尔特多夫大学授予他法学博士学位，还聘请他为法学教授.

这一年，莱布尼茨发表了他的第一篇数学论文《论组合的艺术》. 这是一篇关于数理逻辑的文章，其基本思想是想把理论的真理性论证归结于一种计算的结果.

这篇论文虽不够成熟，但却闪耀着创新的智慧和数学的才华，后来的一系列工作使他成为数理逻辑的创始人.

1666 年，莱布尼茨获得法学博士学位后，在纽伦堡加入了一个炼金术士团体，1667 年，通过该团体结识了政界人物博因堡男爵约翰·克里斯蒂文，并经男爵推荐给选帝迈因茨，从此莱布尼茨登上了政治舞台，便投身外交界，在迈因茨大主教舍恩博恩的手下工作.

1671—1672 年冬季，他受迈因茨选帝侯之托，着手准备制止法国进攻德国的计划. 1672 年，莱布尼茨作为一名外交官出使巴黎，试图游说法国国王路易十四放弃进攻，却始终未能与法王见上一面，更谈不上完成选帝侯交给他的任务了. 这次外交活动以失败而告终，然而在这期间，他深受惠更斯的启发，决心钻研高等数学，并研究了笛卡儿、费马、帕斯卡等的著作，开始创造性的工作.

1673 年 1 月，为了促使英国与荷兰之间的和解，他前往伦敦进行斡旋未果. 他却趁这个机会与英国学术界知名学者建立了联系. 他见到了与之通信达三年的英国皇家学会秘书、数学家奥登伯以及物理学家胡克、化学家玻意耳等. 1673 年 3 月莱布尼茨回到巴黎，4 月即被推荐为英国皇家学会会员. 这一时期，他的兴趣越来越明显地表现在数学和自然科学方面.

1672 年 10 月，迈因茨选帝侯去世，莱布尼茨失去了职位和薪金，而仅是一位家庭教师了. 当时，他曾多方谋求外交官的正式职位，或者希望在法国科学院谋一职位，都没有成功. 无奈，只好接受汉诺威公爵约翰·弗里德里希的邀请，前往汉诺威.

1676 年 10 月 4 日，莱布尼茨离开巴黎，他先在伦敦作了短暂停留. 继而前往荷兰，见到了使用显微镜第一次观察了细菌、原生动物和精子的生物学家列文虎克，这些对莱布尼茨以后的哲学思想产生了影响. 在海牙，他见到了斯宾诺莎. 1677 年 1 月，莱布尼茨抵达汉诺威，担任布伦兹维克公爵府法律顾问兼图书馆馆长和布伦兹维克家族史官，并负责国际通信和充当技术顾问. 汉诺威成了他的永久居住地.

在繁忙的公务之余，莱布尼茨广泛地研究哲学和各种科学、技术问题，从事多方面的学术文化和社会政治活动. 不久，他就成了宫廷议员，在社会上开始声名显赫，生活也由此而富裕. 1682 年，莱布尼茨与门克创办了近代科学史上卓有影响的拉丁文科学杂志《学术纪事》(又称《教师学报》)，他的数学、哲学文章大都刊登在该杂志上；这时，他的哲学思想也逐渐走向成熟.

1679 年 12 月，布伦兹维克公爵约翰·弗里德里却突然去世，其弟奥古斯特继任爵位，莱布尼茨仍保留原职. 新公爵夫人苏菲是他的哲学学说的崇拜者，"世界上没有两片完全相同的树叶"这一句名言，就出自他与苏菲的谈话.

奥古斯特为了实现他在整个德国出人头地的野心，建议莱布尼茨广泛地进行历史研究与调查,写一部有关他们家庭近代历史的著作. 1686 年他开始了这项工作. 在研究了当地有价值的档案材料后，他请求在欧洲作一次广泛的游历.

　　1687 年 11 月，莱布尼茨离开汉诺威，于 1688 年初夏 5 月抵达维也纳. 他除了查找档案外，大量时间用于结识学者和各界名流. 在维也纳，他拜见了奥地利皇帝利奥波德一世，为皇帝勾画出一系列经济、科学规划，给皇帝留下了深刻印象. 他试图在奥地利宫廷中谋一职位，但直到 1713 年才得到肯定答复，而他请求古奥地利建立一个"世界图书馆"的计划则始终未能实现. 随后，他前往威尼斯，然后抵达罗马. 在罗马，他被选为罗马科学与数学科学院院士. 1690 年，莱布尼茨回到了汉诺威. 由于撰写布伦兹维克家族历史的功绩，他获得了枢密顾问官职务.

　　在 1700 年世纪转变时期，莱布尼茨热心地从事于科学院的筹划、建设事务. 他觉得学者各自独立地从事研究既浪费了时间又收效不大，因此竭力提倡集中人才研究学术、文化和工程技术，从而更好地安排社会生产，指导国家建设.

　　从 1695 年起，莱布尼茨就一直为在柏林建立科学院四处奔波，到处游说. 1698 年，他为此亲自前往柏林. 1700 年，当他第二次访问柏林时，终于得到了弗里德里希一世，特别是其妻子(汉诺威奥古斯特公爵之女)的赞助，建立了柏林科学院，他出任首任院长. 1700 年 2 月，他还被选为法国科学院院士. 至此，当时全世界的四大科学院：英国皇家学会、法国科学院、罗马科学与数学科学院、柏林科学院都以莱布尼次作为核心成员.

　　1713 年初，维也纳皇帝授予莱布尼茨帝国顾问的职位，邀请他指导建立科学院. 俄国的彼得大帝也在 1711～1716 年去欧洲旅行访问时，几次听取了莱布尼茨的建议. 莱布尼茨试图使这位雄才大略的皇帝相信，在彼得堡建立一个科学院是很有价值的. 彼得大帝对此很感兴趣，1712 年他给了莱布尼茨一个有薪水的数学、科学宫廷顾问的职务. 1712 年左右，他同时被维也纳、布伦兹维克、柏林、彼得堡等王室所雇用. 这一时期他一有机会就积极地鼓吹他编写百科全书，建立科学院以及利用技术改造社会的计划. 在他去世以后，维也纳科学院、彼得堡科学院先后都建立起来了. 据传，他还曾经通过传教士，建议中国清朝的康熙皇帝在北京建立科学院.

　　就在莱布尼茨备受各个宫廷青睐之时，他却已开始走向悲惨的晚年了. 公元 1716 年 11 月 14 日，由于胆结石引起的腹绞痛卧床一周后，莱布尼茨孤寂地离开了人世，终年 70 岁.

　　莱布尼茨一生没有结婚，没有在大学当教授. 他平时从不进教堂，因此他有一个绰号 Lovenix，即什么也不信的人. 他去世时教士以此为借口，不予理睬，曾雇佣过他的宫廷也不过问，无人前来吊唁. 弥留之际，陪伴他的只有他所信任的大夫和他的秘书艾克哈特. 艾克哈特发出讣告后，法国科学院秘书封登纳尔在科学院例会时向莱布尼茨这位外国会员致了悼词. 1793 年，汉诺威人为他建立了纪念碑；1883 年，在莱比锡的一座教堂附近竖起了他的一座立式雕像；1983 年，汉诺威市政府照原样重修了被毁于第二次世界大战中的"莱布尼茨故居"，供人们瞻仰.

始创微积分

17 世纪下半叶，欧洲科学技术迅猛发展，由于生产力的提高和社会各方面的迫切需要，经各国科学家的努力与历史的积累，建立在函数与极限概念基础上的微积分理论应运而生了.

微积分思想，最早可以追溯到希腊由阿基米德等提出的计算面积和体积的方法. 1665 年牛顿创始了微积分，莱布尼茨在 1673—1676 年也发表了微积分思想的论著.

以前，微分和积分作为两种数学运算、两类数学问题，是分别加以研究的. 卡瓦列里、巴罗、沃利斯等得到了一系列求面积(积分)、求切线斜率(导数)的重要结果，但这些结果都是孤立的、不连贯的.

只有莱布尼茨和牛顿将积分和微分真正沟通起来，明确地找到了两者内在的直接联系：微分和积分是互逆的两种运算. 而这是微积分建立的关键所在. 只有确立了这一基本关系，才能在此基础上构建系统的微积分学. 并从对各种函数的微分和求积公式中，总结出共同的算法程序，使微积分方法普遍化，发展成用符号表示的微积分运算法则. 因此，微积分"是牛顿和莱布尼茨大体上完成的，但不是由他们发明的".

然而关于微积分创立的优先权，在数学史上曾掀起了一场激烈的争论. 实际上，牛顿在微积分方面的研究虽早于莱布尼茨，但莱布尼茨成果的发表则早于牛顿.

莱布尼茨 1684 年 10 月在《教师学报》上发表的论文《一种求极大极小的奇妙类型的计算》，是最早的微积分文献. 这篇仅有六页的论文，内容并不丰富，说理也颇含糊，但却有着划时代的意义.

牛顿在三年后，即 1687 年出版的《自然哲学的数学原理》的第一版和第二版也写道："十年前在我和最杰出的几何学家莱布尼茨的通信中，我表明我已经知道确定极大值和极小值的方法、作切线的方法以及类似的方法，但我在交换的信件中隐瞒了这方法……这位最卓越的科学家在回信中写道，他也发现了一种同样的方法. 他并诉述了他的方法，发现他与我的方法几乎没有什么不同，除他的措词和符号而外"(但在第三版及以后再版时，这段话被删掉了).

因此，后来人们公认牛顿和莱布尼茨是各自独立地创建微积分的.

牛顿从物理学出发，运用集合方法研究微积分，其应用上更多地结合了运动学，造诣高于莱布尼茨. 莱布尼茨则从几何问题出发，运用分析学方法引进微积分概念、得出运算法则，其数学的严密性与系统性是牛顿所不能及的.

莱布尼茨认识到好的数学符号能节省思维劳动，运用符号的技巧是数学成功的关键之一. 因此，他所创设的微积分符号远远优于牛顿的符号，这对微积分的发展有极大影响. 1713 年，莱布尼茨发表了《微积分的历史和起源》一文，总结了自己创立微积分学的思路，说明了自己成就的独立性.

高等数学上的众多成就

莱布尼茨在数学方面的成就是巨大的，他的研究及成果渗透到高等数学的许多领域. 他的一系列重要数学理论的提出，为后来的数学理论奠定了基础.

莱布尼茨曾讨论过负数和复数的性质，得出复数的对数并不存在，共轭复数的和是实数的结论. 在后来的研究中，莱布尼茨证明了自己结论是正确的. 他还对线性方程组进行研究，对消元法从理论上进行了探讨，并首先引入了行列式的概念，提出行列式的某些理论，此外，莱布尼茨还创立了符号逻辑学的基本概念.

计算机科学贡献

1673 年莱布尼茨特地到巴黎去制造了一个能进行加、减、乘、除及开方运算的计算机. 这是继帕斯卡加法机后，计算工具的又一进步. 帕斯卡逝世后，莱布尼茨发现了一篇由帕斯卡亲自撰写的"加法器"论文，勾起了他强烈的发明欲望，决心把这种机器的功能扩大为乘除运算. 莱布尼茨早年历经坎坷. 在获得了一次出使法国的机会后，为实现制造计算机的夙愿创造了契机. 在巴黎，莱布尼茨聘请到一些著名机械专家和能工巧匠协助工作，终于在 1674 年造出一台更完善的机械计算机. 莱布尼茨发明的机器为"乘法器"，约 1 米长，内部安装了一系列齿轮机构，除体积较大之外，基本原理继承于帕斯卡. 不过，莱布尼茨为计算机增添了一种名为"步进轮"的装置. 步进轮是一个有 9 个齿的长圆柱体、9 个齿依次分布于圆柱表面；旁边另有个小齿轮可以沿着轴向移动，以便逐次与步进轮啮合. 每当小齿轮转动一圈，步进轮可根据它与小齿轮啮合的齿数，分别转动 1/10 圈、2/10 圈……直到 9/10 圈，这样一来，它就能够连续重复地做加减法，在转动手柄的过程中，使这种重复加减转变为乘除运算.

莱布尼茨对计算机的贡献不仅在于乘法器，公元 1700 年左右，莱布尼茨从一位友人送给他的中国"易图"（八卦）里受到启发，最终悟出了二进制数的真谛. 虽然莱布尼茨的乘法器仍然采用十进制，但他率先为计算机的设计，系统提出了二进制的运算法则，为计算机的现代发展奠定了坚实的基础.

丰硕的物理学成果

莱布尼茨的物理学成就也是非凡的. 1671 年，莱布尼茨发表了《物理学新假说》一文，提出了具体运动原理和抽象运动原理，认为运动着的物体，不论多么渺小，它将带着处于完全静止状态的物体的部分一起运动. 他还对笛卡儿提出的动量守恒原理进行了认真的探讨，提出了能量守恒原理的雏形，并在《教师学报》上发表了《关于笛卡儿和其他人在自然定律方面的显著错误的简短证明》，提出了运动的量的问题，证明了动量不能作为运动的度量单位，并引入动能概念，第一次认为动能守恒是一个普通的物理原理.

他又充分地证明了"永动机是不可能"的观点. 他也反对牛顿的绝对时空观，认为"没有物质也就没有空见，空间本身不是绝对的实在性"，"空间和物质的区别就像时间和运动的区别一样，可是这些东西虽有区别，却是不可分离的"．这一思想后来引起了马赫、爱因斯坦等的关注．

1684 年，莱布尼茨在《固体受力的新分析证明》一文中指出，纤维可以延伸，其张力与伸长成正比，因此他提出将胡克定律应用于单根纤维．这一假说后来在材料力学中被称为马里奥特-莱布尼茨理论．

在光学方面，莱布尼茨也有所建树，他利用微积分中的求极值方法，推导出了折射定律，并尝试用求极值的方法解释光学基本定律．可以说莱布尼茨的物理学研究一直是朝着为物理学建立一个类似欧氏几何公理系统的目标前进的．

哲学贡献单子论

《单子论》

Monadologie

德国近代哲学家 G.W.莱布尼茨的著作．《单子论》原文为法文，本无标题．1720 年克勒曾发表了本篇的德译文，1721 年迪唐又据德译转译为拉丁文，1840 年 J.E. 爱尔特曼在莱布尼茨手稿中发现原文，收入所编《莱布尼茨哲学全集》中，并加上了标题．本文是莱布尼茨把自己在许多哲学著作中所阐述的主要观点高度浓缩的作品．篇幅虽短而内容丰富．全文共 90 节，大体可分为两部分：1～48 节主要论述一切实体的本性，包括实体应是构成复合物的最后单位，本身没有部分，是单纯的东西，即精神性的单子；实体本身应具有内在的能动原则，等等．49～90 节主要论述实体间的关系，包括前定和谐及这个世界是"一切可能的世界中最好的世界"的学说等等．莱布尼茨的单子论是一个客观唯心主义的体系，有向宗教神学妥协的倾向，但也包含一些合理的辩证法因素，如万物自己运动的思想等．

多才多艺的莱布尼茨

莱布尼茨奋斗的主要目标是寻求一种可以获得知识和创造发明的普遍方法，这种努力导致许多数学的发现．莱布尼茨的多才多艺在历史上很少有人能和他相比，他的研究领域及其成果遍及数学、物理学、力学、逻辑学、生物学、化学、地理学、解剖学、动物学、植物学、气体学、航海学、地质学、语言学、法学、哲学、历史和外交等．

1693 年，莱布尼茨发表了一篇关于地球起源的文章，后来扩充为《原始地球》一书，提出了地球中火成岩、沉积岩的形成原因．对于地层中的生物化石，他认为这些化石反映了生物物种的不断发展，这种现象的终极原因是自然界的变化，而非偶然的神迹．他的地球成因学说，尤其是他的宇宙进化和地球演化的思想，启发了拉马克、赖尔等，在一定程度上促进了 19 世纪地质学理论的进展．

1677 年，他写成《磷发现史》，对磷元素的性质和提取作了论述．他还提出了分离化学制品和使水脱盐的技术．

在生物学方面，莱布尼茨在 1714 年发表的《单子论》等著作中，从哲学角度提出了有机论方面的种种观点. 他认为存在着介乎于动物、植物之间的生物, 水螅虫的发现证明了他的观点.

在气象学方面, 他曾亲自组织人力进行过大气压和天气状况的观察.

在形式逻辑方面, 他区分和研究了理性的真理(必然性命题)、事实的真理(偶然性命题), 并在逻辑学中引入了"充足理由律", 后来被人们认为是一条基本思维定律.

1696 年, 莱布尼茨提出了心理学方面的身心平行论, 他强调统觉作用, 与笛卡儿的交互作用论、斯宾诺莎的一元论构成了当时心理学三大理论. 他还提出了"下意识"理论的初步思想.

1691 年, 莱布尼茨致信巴本, 提出了蒸汽机的基本思想.

1700 年前后, 他提出了无液气压原理, 完全省掉了液柱, 这在气压机发展史上起了重要作用.

法学是莱布尼茨获得过学位的学科, 1667 年曾发表了《法学教学新法》, 他在法学方面有一系列深刻的思想.

1677 年, 莱布尼茨发表《通向一种普通文字》, 以后他长时期致力于普遍文字思想的研究, 对逻辑学、语言学做出了一定贡献. 今天, 人们公认他是世界语的先驱.

作为著名的哲学家, 他的哲学主要是"单子论""前定和谐"论及自然哲学理论. 其学说与其弟子沃尔夫的理论相结合, 形成了莱布尼茨-沃尔夫体系, 极大地影响了德国哲学的发展, 尤其是影响了康德尔的哲学思想. 他开创的德国自然哲学经过沃尔夫、康德、歌德到黑格尔得到了长足的发展.

莱布尼茨在担任布伦瑞克-汉诺威选帝侯史官时, 著有《布伦瑞克史》三卷, 他关于历史延续性的思想和从大局看小局的方法及其史料的搜集整理等对于日后德国哥廷根学派有着很大的影响.

在莱布尼茨从事学术研究的生涯中, 他发表了大量的学术论文, 还有不少文稿生前未发表. 在数学方面, 格哈特编辑的七卷本《数学全书》是莱布尼茨数学研究较完整的代表性著作. 格哈特还编辑过七卷本的《哲学全书》. 已出版的各种各样的选集、著作集、书信集多达几十种, 从中可以看到莱布尼茨的主要学术成就. 今天, 还有专门的莱布尼茨研究学术刊物"Leibniz", 可见其在科学史、文化史上的重要地位.

中西文化交流之倡导者

莱布尼茨对中国的科学、文化和哲学思想十分关注, 他是最早研究中国文化和中国哲学的德国人. 他向耶稣会来华传教士格里马尔迪了解到了许多有关中国的情况, 包括养蚕纺织、造纸印染、冶金矿产、天文地理、数学文字等, 并将这些资料编辑成册出版. 他认为中西相互之间应建立一种交流认识的新型关系.

在《中国近况》一书的绪论中，莱布尼茨写道："全人类最伟大的文化和最发达的文明仿佛今天汇集在我们大陆的两端，即汇集在欧洲和位于地球另一端的东方的欧洲——中国.""中国这一文明古国与欧洲相比，面积相当，但人口数量则已超过"."在日常生活以及经验地应付自然的技能方面，我们是不分伯仲的. 我们双方各自都具备通过相互交流使对方受益的技能. 在思考的缜密和理性的思辨方面，显然我们要略胜一筹"，但"在时间哲学，即在生活与人类实际方面的伦理以及治国学说方面，我们实在是相形见绌了".

在这里，莱布尼茨不仅显示出了不带"欧洲中心论"色彩的虚心好学精神，而且为中西文化双向交流描绘了宏伟的蓝图，极力推动这种交流向纵深发展，是东西方人民相互学习，取长补短，共同繁荣进步.

莱布尼茨为促进中西文化交流做出了毕生的努力，产生了广泛而深远的影响. 他的虚心好学、对中国文化平等相待，不含"欧洲中心论"偏见的精神尤为难能可贵，值得后世永远敬仰、效仿.

本文选自：http://baike.baidu.com/subview/277584/277584.htm.

第5章 多元函数微积分学

此前我们讨论的函数都仅有一个自变量，这种函数被称为一元函数，但是在很多实际问题中，客观事物的变化是受多方面因素制约的，反映在数学上我们必须研究依赖多个自变量的函数，即多元函数．多元函数的微积分学的内容和方法都与一元函数的内容和方法紧密相关，但由于变元的增加，问题更加复杂多样．在学习时，应注意与一元函数有关内容的对比，找出异同．这样不但有利于理解和掌握多元函数的知识，而且复习巩固了一元函数的知识．本章介绍多元函数的基本概念及其微分学．

5.1 多元函数的基本概念

5.1.1 多元函数

在很多自然现象和实际问题中，经常会遇到依赖两个或两个以上变量的变量，请看下面的例子．

例 1 产品的产出 y 依赖于产品生产过程中所消耗的劳动力的数量 L、物质资本的数量 K，以及除劳动力、资本以外所有影响因素的综合 A（主要考虑技术进步因素），则

$$y = f(L, K, A)$$

是一个有三个自变量的对应关系．这就是我们要研究的多元函数的关系，在研究中主要涉及的因素有自变量的个数、自变量的取值范围、变量对应的关系、对应值的范围．

这里仅研究多元函数中最为简单、最有代表性的一种，具有两个自变量的函数．

定义 5.1 设 D 是 Oxy 平面的点集，若变量 z 与 D 中的变量 x, y 之间有一个依赖关系，使得在 D 内每取定一个点 $P(x, y)$ 时，按着这个关系有确定的 z 值与之对应，则说 z 是 x, y 的**二元（点）函数**，记为

$$z = f(x, y) \text{（或 } z = f(P) \text{）}.$$

称 x, y 为**自变量**，称 z 为**因变量**，点集 D 称为该函数的**定义域**，数集

$$\{z \mid z = f(x, y), (x, y) \in D\}$$

称为该函数的**值域**．

类似地可以定义 n 元函数. 二元及二元以上的函数统称**多元函数**. 关于多元函数的定义域, 我们作出如下约定, 实际问题中的函数, 定义域由实际意义确定. 在一般地考虑由数学式子表达的函数时, 定义域是使这个算式在实数范围内有意义的那些点所确定的点集.

例 2 函数 $z = \ln(x+y)$ 的定义域是 $\{(x,y)\,|\,x+y>0\}$, 在平面直角坐标系下是直线 $x+y=0$ 右上方的半平面(不含该直线)(图 5.1).

例 3 函数 $z = \sqrt{2x-x^2-y^2}\Big/\sqrt{x^2+y^2-1}$ 的定义域是 $\{(x,y)\,|\,(x-1)^2+y^2 \leqslant 1$ 且 $x^2+y^2>1\}$, 图 5.2 中有阴影的月牙形有界点集.

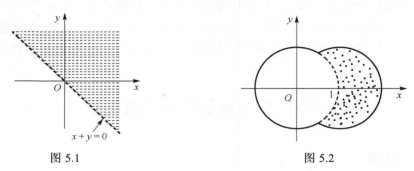

图 5.1 图 5.2

我们知道, 一元函数 $y=f(x)$ 在平面坐标系中表示一条曲线, 二元函数 $z=f(x,y)$ $(x,y) \in D$ 在三维空间坐标系中表示一个曲面(图 5.3). 例如, 函数 $z=\sqrt{R^2-x^2-y^2}$ 的图形是以原点为球心, R 为半径的上半球面. 函数 $z=x^2+y^2$ 的图形是旋转抛物面. 函数 $z=\sqrt{x^2+y^2}$ 的图形是圆锥面. 函数 $z=xy$ 的图形是双曲抛物面. 二元隐函数 $Ax+By+Cz+D=0$ 的图形是平面.

例 4 函数 $u=\sqrt{z-x^2-y^2}+\arcsin(x^2+y^2+z^2)$ 的定义域是 $\{(x,y,z)\,|\,x^2+y^2 \leqslant z,$ $x^2+y^2+z^2 \leqslant 1\}$, 在空间直角坐标系下是以原点为球心, 1 为半径的球体内, 旋转抛物面 $z=x^2+y^2$ 上方的部分(图 5.4).

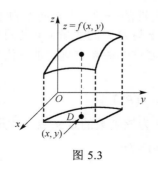

图 5.3

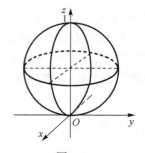

图 5.4

5.1.2　多元函数的极限与连续

现在讨论函数 $z = f(x,y)$ 当自变量 (x,y) 趋于某一定点 (x_0, y_0) 时，对应的函数值是否趋于某一有限值. 与一元函数情形类似，如果趋于某一个固定的值 A，则极限存在，A 就称为函数在 (x,y) 趋于某一定点 (x_0, y_0) 时的极限，记为

$$\lim_{(x,y) \to (x_0, y_0)} f(x,y) = A \quad \text{或} \quad \lim_{\substack{x \to x_0 \\ y \to y_0}} f(x,y) = A .$$

务必注意，虽然多元函数的极限与一元函数的极限的定义相似，但它复杂得多. 一元函数在某点处极限存在的充要条件是左右极限存在且相等，而多元函数在某点处极限存在的充要条件是点 P 在邻域内以任何可能的方式和途径趋于 P_0 时，$f(P)$ 都有极限且相等. 因此：

(1) 如果点 P 以两种不同的方式或途径趋于 P_0 时，$f(P)$ 趋向不同的值，则可断定 $\lim\limits_{P \to P_0} f(P)$ 不存在.

(2) 已知 P 以几种方式和途径趋于 P_0 时，$f(P)$ 趋于同一个数，这时还不能断定 $f(P)$ 有极限.

(3) 如果已知 $\lim\limits_{P \to P_0} f(P)$ 存在，则可取一特殊途径来求极限.

定义 5.2　若二元函数 $f(x,y)$ 在 (x_0, y_0) 邻域内有定义，且在趋近于 (x_0, y_0) 函数极限存在，如果

$$\lim_{(x,y) \to (x_0, y_0)} f(x,y) = \lim_{\substack{x \to x_0 \\ y \to y_0}} f(x,y) = f(x_0, y_0) ,$$

则说函数 $f(x,y)$ 在点 (x_0, y_0) 处**连续**，并称 (x_0, y_0) 是 $f(x,y)$ 的**连续点**. 否则称 (x_0, y_0) 是 $f(x,y)$ 的**间断点**.

如果函数 $f(P)$ 在区域 E 的每一点处都连续，则说函数 $f(P)$ 在区域 E 上连续，记为 $f(P) \in C(E)$.

同一元函数一样，多元连续函数的和、差、积、商（分母不为零）及复合仍是连续的. 每个自变量的基本初等函数经有限次四则运算和有限次复合，由一个式子表达的函数称为多元初等函数，多元初等函数在它们定义域的内点处均连续.

有界闭区域上的多元连续函数有如下重要性质：

(1) **最大最小值存在性**　在有界闭区域上连续的函数必有界，且有最大值和最小值.

(2) **介值存在性**　在有界闭区域上连续的函数必能取到介于最大值与最小值之间的任何值.

习　题　5.1

1．若 $z = x + y + f(x - y)$，且当 $y = 0$ 时，$z = x^2$，求函数 f 与 z.

2．若 $f(x, y) = \sqrt{x^4 + y^4 - 2xy}$，试证 $f(tx, ty) = t^2 f(x, y)$.

3．若 $f\left(x + y, \dfrac{y}{x}\right) = x^2 - y^2$，求 $f(x, y)$.

4．求下列极限.

(1) $\lim\limits_{\substack{x \to 0 \\ y \to \pi}} [1 + \sin(xy)]^{\frac{y}{x}}$；

(2) $\lim\limits_{(x, y) \to (0, 0)} \dfrac{xy}{\sqrt{xy + 1} - 1}$.

5．指出下列函数的间断点.

(1) $z = \dfrac{1}{x^2 + y^2}$；

(2) $z = \ln |4 - x^2 - y^2|$；

(3) $u = \mathrm{e}^{\frac{1}{z}} / (x - y^2)$.

6．讨论函数

$$f(x, y) = \begin{cases} \dfrac{\sin(x^2 + y^2)}{2(x^2 + y^2)}, & x^2 + y^2 \neq 0, \\ \dfrac{1}{2}, & x^2 + y^2 = 0 \end{cases}$$

的连续性.

5.2　偏导数与全微分

5.2.1　偏导数

在学习一元函数时，我们从研究函数的变化率的工作中引进了导数的概念；对于多元函数，我们仍然需要了解函数的变化率，然而，由于自变量的个数多于一个，情况变得复杂. 但我们可以研究一个受多种因素制约的量，在其他因素固定不变的情况下，随一种因素变化的变化率问题——偏导数问题.

定义 5.3　设函数 $z = f(x, y)$ 在点 (x_0, y_0) 的某邻域内有定义，固定 $y = y_0$，给 x_0 以增量 Δx，称

$$\Delta_x z = f(x_0 + \Delta x, y_0) - f(x_0, y_0)$$

为 $f(x, y)$ 在点 (x_0, y_0) 处关于 x 的**偏增量**，若极限

$$\lim_{\Delta x \to 0} \frac{\Delta_x z}{\Delta x} = \lim_{\Delta x \to 0} \frac{1}{\Delta x}[f(x_0 + \Delta x, y_0) - f(x_0, y_0)]$$

存在，则称此极限值为函数 $z = f(x, y)$ 在点 (x_0, y_0) 处关于 x 的偏导数，记为

$$\frac{\partial z}{\partial x}\bigg|_{(x_0, y_0)} \quad 或 \quad f_x'(x_0, y_0).$$

同样定义 $z = f(x, y)$ 在点 (x_0, y_0) 处关于 y 的偏导数为

$$\frac{\partial z}{\partial y}\bigg|_{(x_0, y_0)} = f_y'(x_0, y_0) = \lim_{\Delta y \to 0} \frac{\Delta_y z}{\Delta y} = \lim_{\Delta y \to 0} \frac{1}{\Delta y}[f(x_0, y_0 + \Delta y) - f(x_0, y_0)].$$

如果在区域 E 内每一点 (x, y) 处函数 $z = f(x, y)$ 关于 x 的偏导数都存在，那么这个偏导数就是 E 内点 (x, y) 的函数，称为 $z = f(x, y)$ **关于 x 的偏导数**，简称**对 x 的偏导数**，记为

$$z_x', \quad \frac{\partial z}{\partial x}, \quad \frac{\partial f(x, y)}{\partial x} \quad 或 \quad f_x'(x, y).$$

同样地，$z = f(x, y)$ **对 y 的偏导数（函）数**，记为

$$z_y', \quad \frac{\partial z}{\partial y}, \quad \frac{\partial f(x, y)}{\partial y} \quad 或 \quad f_y'(x, y).$$

偏导函数 $f_x'(x, y)$ 在点 (x_0, y_0) 处的值，就是函数 $f(x, y)$ 在点 (x_0, y_0) 处关于 x 的偏导数 $f_x'(x_0, y_0)$.

例 1　求 $f(x, y) = (1 - e^{xy})\sin x^2$ 在点 $(0, 1)$ 处的两个偏导数.

解　求某一点的偏导数时，可以先将其他变量的值代入，变为一元函数，再求导，这种方法常常较简便.

$$f_x'(0, 1) = [(1 - e^x)\sin x^2]'|_{x=0} = 0,$$

$$f_y'(0, 1) = 0'|_{y=1} = 0.$$

例 2　求 $z = x^y (x > 0)$ 的偏导数.

解

$$z_x' = yx^{y-1}, \quad z_y' = x^y \ln x.$$

例 3　求二元函数

$$f(x, y) = \begin{cases} \dfrac{xy^2}{x^2 + y^4}, & (x, y) \neq (0, 0), \\ 0, & (x, y) = (0, 0) \end{cases}$$

在点 $(0, 0)$ 处的两个偏导数.

解　这里必须由偏导数定义计算：

$$f_x'(0,0) = \lim_{\Delta x \to 0} \frac{f(0+\Delta x,0) - f(0,0)}{\Delta x} = \lim_{\Delta x \to 0} \frac{0}{\Delta x} = 0,$$

$$f_y'(0,0) = \lim_{\Delta y \to 0} \frac{f(0,0+\Delta y) - f(0,0)}{\Delta y} = \lim_{\Delta y \to 0} \frac{0}{\Delta y} = 0.$$

两个偏导数都存在.

一元函数可导必连续. 但对多元函数，偏导数都存在，函数未必有极限，更保证不了连续性.

为了一般地说明这一问题，先介绍偏导数的几何意义.

因为偏导数 $f_x'(x_0,y_0)$ 就是一元函数 $f(x,y_0)$ 在 x_0 处的导数，所以几何上 $f_x'(x_0,y_0)$ 表示曲面 $z=f(x,y)$ 与平面 $y=y_0$ 的交线在点 $(x_0,y_0,f(x_0,y_0))$ 处的切线对 x 轴的斜率（图 5.5）. 同样 $f_y'(x_0,y_0)$ 表示曲面 $z=f(x,y)$ 与平面 $x=x_0$ 的交线在点 $(x_0,y_0,f(x_0,y_0))$ 处的切线对 y 轴的斜率. 因为偏导数 $f_x'(x_0,y_0)$ 仅与函数 $z=f(x,y)$ 在 $y=y_0$ 上的值有关，$f_y'(x_0,y_0)$ 仅与 $z=f(x,y)$ 在 $x=x_0$ 上的值有关，与 (x_0,y_0) 邻域内其他点上的函数值无关，所以偏导数的存在不能保证函数有极限.

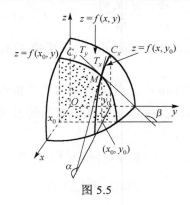

图 5.5

5.2.2　高阶偏导数

设函数 $z=f(x,y)$ 在区域 E 内有偏导数

$$\frac{\partial z}{\partial x} = f_x'(x,y), \quad \frac{\partial z}{\partial y} = f_y'(x,y),$$

它们仍是 E 内 x,y 的函数. 如果它们仍有偏导数，则称它们的偏导数是函数 $z=f(x,y)$ 的**二阶偏导数**，二元函数 $z=f(x,y)$ 可以有如下四个二阶偏导数：

$$\frac{\partial^2 z}{\partial x^2} = f_{xx}''(x,y) = z_{xx}'' = \frac{\partial}{\partial x}\left(\frac{\partial z}{\partial x}\right), \quad \frac{\partial^2 z}{\partial x \partial y} = f_{xy}''(x,y) = z_{xy}'' = \frac{\partial}{\partial y}\left(\frac{\partial z}{\partial x}\right),$$

$$\frac{\partial^2 z}{\partial y \partial x} = f''_{yx}(x, y) = z''_{yx} = \frac{\partial}{\partial x}\left(\frac{\partial z}{\partial y}\right), \quad \frac{\partial^2 z}{\partial y^2} = f''_{yy}(x, y) = z''_{yy} = \frac{\partial}{\partial y}\left(\frac{\partial z}{\partial y}\right),$$

其中 $f''_{xy}(x, y)$ 和 f''_{yx} 称为**混合二阶偏导数**.

例 4 已知 $z = \ln(x^2 + y)$,求其四个二阶偏导数.

解 由于

$$\frac{\partial z}{\partial x} = \frac{2x}{x^2 + y}, \quad \frac{\partial z}{\partial y} = \frac{1}{x^2 + y},$$

故

$$\frac{\partial^2 z}{\partial x^2} = \frac{2(x^2 + y) - 4x^2}{(x^2 + y)^2} = \frac{2(y - x^2)}{(x^2 + y)^2}, \quad \frac{\partial^2 z}{\partial x \partial y} = \frac{-2x}{(x^2 + y)^2},$$

$$\frac{\partial^2 z}{\partial y \partial x} = \frac{-2x}{(x^2 + y)^2}, \quad \frac{\partial^2 z}{\partial y^2} = \frac{-1}{(x^2 + y)^2}.$$

5.2.3 全微分

对于可微的一元函数,函数的增量可表为 $\Delta y = A\Delta x + o(\Delta x)$ 的形式,其中 A 与 Δx 无关.对于二元函数,情况类似,由于函数 $z = f(x, y)$ 有两个自变量,称

$$\Delta z = f(x + \Delta x, y + \Delta y) - f(x, y) \tag{1}$$

为函数在点 $P(x, y)$ 处的**全增量**.

二元函数在一点的全增量是 $\Delta x, \Delta y$ 的函数. 一般说来, Δz 是 $\Delta x, \Delta y$ 较复杂的函数,当自变量的增量 $\Delta x, \Delta y$ 很小的情况下,自然希望能像可微的一元函数那样,用 $\Delta x, \Delta y$ 的线性函数来近似代替 Δz ,即希望

$$\Delta z = A\Delta x + B\Delta y + o(\rho), \tag{2}$$

其中 A, B 不依赖于 $\Delta x, \Delta y, \rho = \sqrt{(\Delta x)^2 + (\Delta y)^2}$. 这就产生了全微分的概念.

定义 5.4 若函数 $z = f(x, y)$ 在点 $P(x, y)$ 处的全增量(1)能表成(2)的形式,则说函数 $z = f(x, y)$ 在点 P 处**可微**,并称 $A\Delta x + B\Delta y$ 为函数在点 P 处的**全微分**,记为 dz 或 df ,即

$$dz = A\Delta x + B\Delta y. \tag{3}$$

在区域 E 内每一点都可微的函数,称为区域 E 内的**可微函数**,此时也说函数**在 E 内可微**.

由式(2)知,多元函数可微必连续.

可微与偏导数存在有何关系呢? 微分系数 A, B 如何确定? 由下面的定理来回答.

定理 5.1　若函数 $z = f(x, y)$ 在点 $P(x, y)$ 处可微，则在点 P 处偏导数 $\dfrac{\partial z}{\partial x}$ 及 $\dfrac{\partial z}{\partial y}$ 都存在，且

$$\frac{\partial z}{\partial x} = A, \quad \frac{\partial z}{\partial y} = B.$$

证明　因 $f(x, y)$ 可微，有

$$\Delta z = f(x + \Delta x, y + \Delta y) - f(x, y) = A\Delta x + B\Delta y + o(\rho),$$

特别地，取 $\Delta y = 0$ 时，有

$$\Delta_x z = f(x + \Delta x, y) - f(x, y) = A\Delta x + o(|\Delta x|).$$

所以

$$\frac{\partial z}{\partial x} = \lim_{\Delta x \to 0} \frac{f(x + \Delta x, y) - f(x, y)}{\Delta x} = \lim_{\Delta x \to 0}\left(A + \frac{o(|\Delta x|)}{\Delta x}\right) = A.$$

同法可证，$\dfrac{\partial z}{\partial y}$ 存在，且 $\dfrac{\partial z}{\partial y} = B.$　　　　□

由此可见，$z = f(x, y)$ 的全微分 (3) 可表为

$$\mathrm{d}z = \frac{\partial z}{\partial x}\Delta x + \frac{\partial z}{\partial y}\Delta y,$$

因为自变量的微分等于它的增量，$\mathrm{d}x = \Delta x,\ \mathrm{d}y = \Delta y$，所以函数 $z = f(x, y)$ 的全微分习惯上写为

$$\mathrm{d}z = \frac{\partial z}{\partial x}\mathrm{d}x + \frac{\partial z}{\partial y}\mathrm{d}y. \tag{4}$$

对一元函数，在一点处

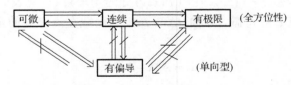

例 5　求函数 $z = x^4 y^3 + 2x$ 在点 $(1, 2)$ 处的全微分.

解　由于

$$\frac{\partial z}{\partial x} = 4x^3 y^3 + 2, \quad \frac{\partial z}{\partial y} = 3x^4 y^2$$

连续，特别地，$\left.\dfrac{\partial z}{\partial x}\right|_{(1,2)}=34,\left.\dfrac{\partial z}{\partial y}\right|_{(1,2)}=12$，故有

$$\mathrm{d}z\,|_{(1,2)}=34\mathrm{d}x+12\mathrm{d}y.$$

下面介绍全微分在近似计算和误差估计中的应用.

由全微分的定义，当 $z=f(x,y)$ 在点 $P_0(x_0,y_0)$ 处可微，且 $|\Delta x|$，$|\Delta y|$ 充分小时，有近似式

$$\Delta z\approx\mathrm{d}z=f'_x(x_0,y_0)\Delta x+f'_y(x_0,y_0)\Delta y \tag{5}$$

及

$$f(x_0+\Delta x,y_0+\Delta y)\approx f(x_0,y_0)+f'_x(x_0,y_0)\Delta x+f'_y(x_0,y_0)\Delta y. \tag{6}$$

这两个式子可以用来计算 Δz 及 $f(x_0+\Delta x,y_0+\Delta y)$ 的近似值，式(5)还可用来估计间接误差.

例6　计算 $1.01^{1.98}$ 的近似值.

解　设 $f(x,y)=x^y$，则

$$f(1.01,\ 1.98)=1.01^{1.98}.$$

取 $x_0=1,y_0=2,\Delta x=0.01,\Delta y=-0.02$. 由于

$$f(1,2)=1,$$

$$f'_x(1,2)=yx^{y-1}\,|_{(1,2)}=2,\quad f'_y(1,2)=x^y\ln x\,|_{(1,2)}=0,$$

所以，由式(6)有

$$1.01^{1.98}\approx1+2\times0.01+0\times(-0.02)=1.02.$$

习　题　5.2

1．设 $f(x,y)=x+(y-1)\arcsin\sqrt{\dfrac{x}{y}}$，求 $f'_x(x,1)$.

2．求下列函数的偏导数.

(1) $z=(1+xy)^y$；

(2) $z=\mathrm{e}^{-x}\sin(x+2y)$；

(3) $z=\arctan\dfrac{y}{x}$；

(4) $z=\arcsin(y\sqrt{x})$.

3．求下列函数的二阶偏导数.

(1) $z=\cos(xy)$；

(2) $z=x^{2y}$；

(3) $z=\mathrm{e}^x\cos y$；

(4) $z=\ln(\mathrm{e}^x+\mathrm{e}^y)$.

4．求下列函数在指定点 M_0 处和任意点 M 处的全微分.

(1) $z = x^2 y^3$, $M_0(2,1)$;

(2) $z = \mathrm{e}^{xy}$, $M_0(0,0)$;

(3) $z = x\ln(xy)$, $M_0(-1,-1)$.

5．计算 $(10.1)^{2.03}$ 的近似值.

5.3　复合函数隐函数求导法则

本节要把一元函数的复合函数求导法推广到多元复合函数，同时给出隐函数求导法则.

5.3.1　复合函数求导法则

定理 5.2　如果函数 $u = u(x,y)$, $v = v(x,y)$ 在点 (x,y) 处对 x 的偏导数都存在，而函数 $z = z(u,v)$ 在 (x,y) 的对应点 (u,v) 处可微，则复合函数

$$z = z(u(x,y),v(x,y))$$

在点 (x,y) 处对 x 的偏导数存在，且

$$\frac{\partial z}{\partial x} = \frac{\partial z}{\partial u}\frac{\partial u}{\partial x} + \frac{\partial z}{\partial v}\frac{\partial v}{\partial x}. \tag{1}$$

证明　固定 y，给 x 以增量 Δx，引起 u,v 有偏增量 $\Delta_x u$, $\Delta_x v$，从而导致 z 有增量 $\Delta_x z$. 由于 $z = z(u,v)$ 可微，所以有

$$\Delta_x z = \frac{\partial z}{\partial u}\Delta_x u + \frac{\partial z}{\partial v}\Delta_x v + o(\rho),$$

其中 $\rho = \sqrt{(\Delta_x u)^2 + (\Delta_x v)^2}$. 上式两边同除以 Δx，再令 $\Delta x \to 0$，注意此时 $\Delta_x u \to 0$，$\Delta_x v \to 0$，进而 $\rho \to 0$，于是，有

$$\frac{\partial z}{\partial x} = \frac{\partial z}{\partial u}\frac{\partial u}{\partial x} + \frac{\partial z}{\partial v}\frac{\partial v}{\partial x}.$$

最后的运算中用到

$$\lim_{\Delta x \to 0}\frac{o(\rho)}{\Delta x} = \pm\lim_{\Delta x \to 0}\frac{o(\rho)}{\rho}\sqrt{\left(\frac{\Delta_x u}{\Delta x}\right)^2 + \left(\frac{\Delta_x v}{\Delta x}\right)^2} = 0. \qquad \square$$

公式 (1) 称为**链式法则**.

求复合函数的偏导数关键在于明确函数间的复合关系，认定中间变量与自变量.

例 1　已知 $z = \mathrm{e}^u \sin v$, $u = xy$, $v = x + y$，求 $\dfrac{\partial z}{\partial x}, \dfrac{\partial z}{\partial y}$.

解 因

$$\frac{\partial z}{\partial u} = \mathrm{e}^u \sin v, \quad \frac{\partial z}{\partial v} = \mathrm{e}^u \cos v,$$

$$\frac{\partial u}{\partial x} = y, \quad \frac{\partial u}{\partial y} = x, \quad \frac{\partial v}{\partial x} = 1, \quad \frac{\partial v}{\partial y} = 1$$

都连续，故

$$\frac{\partial z}{\partial x} = \frac{\partial z}{\partial u}\frac{\partial u}{\partial x} + \frac{\partial z}{\partial v}\frac{\partial v}{\partial x} = \mathrm{e}^u \sin v \cdot y + \mathrm{e}^u \cos v \cdot 1 = \mathrm{e}^{xy}[y\sin(x+y)+\cos(x+y)],$$

$$\frac{\partial z}{\partial y} = \frac{\partial z}{\partial u}\frac{\partial u}{\partial y} + \frac{\partial z}{\partial v}\frac{\partial v}{\partial y} = \mathrm{e}^u \sin v \cdot x + \mathrm{e}^u \cos v \cdot 1 = \mathrm{e}^{xy}[x\sin(x+y)+\cos(x+y)].$$

例 2 设 $z = F(x,y),\ y = \psi(x)$，其中 F, ψ 都有二阶连续的导数，求 $\dfrac{\mathrm{d}^2 z}{\mathrm{d}x^2}$.

解 由公式

$$\frac{\mathrm{d}z}{\mathrm{d}x} = \frac{\partial F}{\partial x} + \frac{\partial F}{\partial y}\frac{\mathrm{d}y}{\mathrm{d}x} = F_x'(x,y) + F_y'(x,y)\psi'(x).$$

求二阶导数时，务必注意 $\dfrac{\partial F}{\partial x}, \dfrac{\partial F}{\partial y}$ 仍是 x, y 的二元函数，y 又是 x 的函数，再用公式得

$$\frac{\mathrm{d}^2 z}{\mathrm{d}x^2} = \left(\frac{\partial^2 F}{\partial x^2} + \frac{\partial^2 F}{\partial x \partial y}\frac{\mathrm{d}y}{\mathrm{d}x} \right) + \left(\frac{\partial^2 F}{\partial y \partial x} + \frac{\partial^2 F}{\partial y^2}\frac{\mathrm{d}y}{\mathrm{d}x} \right)\frac{\mathrm{d}y}{\mathrm{d}x} + \frac{\partial F}{\partial y}\frac{\mathrm{d}^2 y}{\mathrm{d}x^2}$$

$$= \frac{\partial^2 F}{\partial x^2} + 2\frac{\partial^2 F}{\partial x \partial y}\frac{\mathrm{d}y}{\mathrm{d}x} + \frac{\partial^2 F}{\partial y^2}\left(\frac{\mathrm{d}y}{\mathrm{d}x} \right)^2 + \frac{\partial F}{\partial y}\frac{\mathrm{d}^2 y}{\mathrm{d}x^2}$$

$$= F_{xx}''(x,y) + 2F_{xy}''(x,y)\psi'(x) + F_{yy}''(x,y)\psi'^2(x) + F_y'(x,y)\psi''(x).$$

例 3 设 f 具有二阶连续偏导数，求函数 $u = f\left(x, \dfrac{x}{y} \right)$ 的混合二阶偏导数.

解 因为 $\dfrac{\partial u}{\partial x} = f_1' + f_2' \cdot \dfrac{1}{y}$，所以

$$\frac{\partial^2 u}{\partial x \partial y} = f_{12}'' \cdot \frac{-x}{y^2} + f_{22}'' \cdot \frac{-x}{y^2} \cdot \frac{1}{y} + f_2' \cdot \frac{-1}{y^2}$$

$$= -\frac{1}{y^3}(xyf_{12}'' + xf_{22}'' + yf_2').$$

全微分形式不变性 设 $z = z(u,v), u = u(x,y), v = v(x,y)$ 均可微，则

$$dz = \frac{\partial z}{\partial x}dx + \frac{\partial z}{\partial y}dy$$

$$= \left(\frac{\partial z}{\partial u}\frac{\partial u}{\partial x} + \frac{\partial z}{\partial v}\frac{\partial v}{\partial x}\right)dx + \left(\frac{\partial z}{\partial u}\frac{\partial u}{\partial y} + \frac{\partial z}{\partial v}\frac{\partial v}{\partial y}\right)dy$$

$$= \frac{\partial z}{\partial u}\left(\frac{\partial u}{\partial x}dx + \frac{\partial u}{\partial y}dy\right) + \frac{\partial z}{\partial v}\left(\frac{\partial v}{\partial y}dx + \frac{\partial v}{\partial y}dy\right)$$

$$= \frac{\partial z}{\partial u}du + \frac{\partial z}{\partial v}dv.$$

这说明:当 z 是 u, v 的函数时,不论 u, v 是自变量还是中间变量, z 的全微分形式不变

$$dz = \frac{\partial z}{\partial u}du + \frac{\partial z}{\partial v}dv.$$

这对计算全微分和求偏导数都是有益的. 此外,还有下列四则运算的全微分法

(1) $d(u \pm v) = du \pm dv$;

(2) $d(uv) = udv + vdu, d(Cu) = Cdu$ (C 为常数);

(3) $d\left(\dfrac{u}{v}\right) = \dfrac{vdu - udv}{v^2}$ ($v \neq 0$).

例 4　求函数 $z = e^{\arctan\frac{x}{x^2+y^2}}$ 的全微分与偏导数.

解　令 $z = e^w$, $w = \arctan u$, $u = \dfrac{x}{v}$, $v = x^2 + y^2$,于是由全微分形式不变

$$dz = e^w dw = e^w \frac{du}{1+u^2} = e^w \frac{1}{1+u^2}\frac{vdx - xdv}{v^2}$$

$$= e^{\arctan\frac{x}{x^2+y^2}} \frac{(x^2+y^2)dx - x(2xdx + 2ydy)}{(x^2+y^2)+x^2}$$

$$= e^{\arctan\frac{x}{x^2+y^2}} \frac{(y^2-x^2)dx - 2xydy}{(x^2+y^2)^2+x^2},$$

故

$$\frac{\partial z}{\partial x} = e^{\arctan\frac{x}{x^2+y^2}} \frac{y^2-x^2}{(x^2+y^2)^2+x^2}, \quad \frac{\partial z}{\partial y} = e^{\arctan\frac{x}{x^2+y^2}} \frac{-2xy}{(x^2+y^2)^2+x^2}.$$

5.3.2　隐函数求导法则

在一元函数微分学中,我们曾介绍过隐函数

$$F(x, y) = 0 \tag{2}$$

的求导法. 现在利用复合函数的链导法给出隐函数(2)的求导公式, 并指出隐函数存在的一个充分条件.

定理 5.3(隐函数存在定理)　设点 (x_0, y_0) 满足方程 $F(x, y) = 0$; 在点 (x_0, y_0) 的某邻域内, 函数 $F(x, y)$ 有连续偏导数 $F'_x(x, y)$, $F'_y(x, y)$, 且

$$F'_y(x_0, y_0) \neq 0,$$

则方程

$$F(x, y) = 0$$

在点 (x_0, y_0) 的某邻域内, 确定唯一的一个函数 $y = f(x)$, 满足

$$F(x, f(x)) = 0, \quad y_0 = f(x_0),$$

而且在 x_0 的某邻域内 $y = f(x)$ 是单值的、有连续的导数, 求导公式为

$$\frac{\mathrm{d}y}{\mathrm{d}x} = -\frac{F'_x(x, y)}{F'_y(x, y)}. \tag{3}$$

(证明从略). 仅推导公式(3). 将恒等式

$$F(x, f(x)) \equiv 0$$

两边关于 x 求导, 由全导数公式, 得

$$F'_x(x, y) + F'_y(x, y)\frac{\mathrm{d}y}{\mathrm{d}x} = 0.$$

因为 $F'_y(x, y)$ 连续, $F'_y(x_0, y_0) \neq 0$, 所以在点 (x_0, y_0) 的某邻域内, $F'_y(x, y) \neq 0$. 于是

$$\frac{\mathrm{d}y}{\mathrm{d}x} = -\frac{F'_x(x, y)}{F'_y(x, y)}.$$

例如, 方程 $xy - \mathrm{e}^x + \mathrm{e}^y = 0$, 这里记 $F(x, y) = xy - \mathrm{e}^x + \mathrm{e}^y$, 因为 $F(0,0) = 0$, 又 $F'_x(x, y) = y - \mathrm{e}^x$, $F'_y(x, y) = x + \mathrm{e}^y$ 在点 $(0,0)$ 的邻域上连续, 且 $F'_y(0,0) = 1 \neq 0$, 所以方程在 $(0,0)$ 附近确定一个隐函数, 且

$$\frac{\mathrm{d}y}{\mathrm{d}x} = -\frac{y - \mathrm{e}^x}{x + \mathrm{e}^y}.$$

用同样的方法可以推出多元隐函数的偏导数公式. 比如, 由三元方程式

$$F(x, y, z) = 0 \tag{4}$$

确定的二元隐函数 $z = f(x, y)$ 有偏导数公式

$$\frac{\partial z}{\partial x} = \frac{F'_x(x, y, z)}{F'_z(x, y, z)}, \quad \frac{\partial z}{\partial y} = -\frac{F'_y(x, y, z)}{F'_z(x, y, z)} \quad (F'_z \neq 0). \tag{5}$$

例 5　设 $x^2 + y^2 + z^2 - 4z = 0$，求 $\dfrac{\partial^2 z}{\partial x^2}$.

解　设 $F(x, y, z) = x^2 + y^2 + z^2 - 4z$，则 $F_x' = 2x$，$F_z' = 2z - 4$，

$$\frac{\partial z}{\partial x} = \frac{x}{2 - z},$$

再对 x 求一次偏导，注意 z 为 x, y 的函数

$$\frac{\partial^2 z}{\partial x^2} = \frac{(2-z) + x\dfrac{\partial z}{\partial x}}{(2-z)^2} = \frac{(2-z) + x\left(\dfrac{x}{2-z}\right)}{(2-z)^2} = \frac{(2-z)^2 + x^2}{(2-z)^3}.$$

例 6　设有隐函数 $F\left(\dfrac{x}{z}, \dfrac{y}{z}\right) = 0$，其中 F 的偏导数连续，求 $\dfrac{\partial z}{\partial x}, \dfrac{\partial z}{\partial y}$.

由隐函数、复合函数求导法

$$\frac{\partial z}{\partial x} = -\frac{F_1' \cdot z^{-1}}{F_1' \cdot (-xz)^{-2} + F_2' \cdot (-yz^{-2})} = \frac{zF_1'}{xF_1' + yF_2'},$$

$$\frac{\partial z}{\partial y} = -\frac{F_2' \cdot z^{-1}}{F_1' \cdot (-xz^{-2}) + F_2' \cdot (-yz^{-2})} = \frac{zF_2'}{xF_1' + yF_2'}.$$

习　题　5.3

1．用链导法则求下列函数的偏导数.

(1) $z = (x^2 + y^2)\exp\left(\dfrac{x^2 + y^2}{xy}\right)$；　　　　(2) $z = \dfrac{xy}{x+y}\arctan(x + y + xy)$.

2．已知 $z = \mathrm{e}^u \sin v$，$u = xy$，$v = x - y$，求 $\dfrac{\partial z}{\partial x}, \dfrac{\partial z}{\partial y}$.

3．设 f 是可微函数，求下列复合函数的一阶偏导数.

(1) $z = f(x + y, x^2 + y^2)$；　　　　(2) $z = f\left(\dfrac{x}{y}, \dfrac{y}{x}\right)$.

4．利用全微分形式不变性和微分运算法则，求下列函数的全微分和偏导数.

(1) $u = f(x - y, x + y)$；　　　　(2) $u = f\left(xy, \dfrac{x}{y}\right)$.

5．求下列方程所确定的隐函数 z 的一阶和二阶偏导数.

(1) $\dfrac{x}{z} = \ln\dfrac{z}{y}$；　　　　(2) $x^2 - 2y^2 + z^2 - 4x + 2z - 5 = 0$.

6. 设 $F(x+y+z, x^2+y^2+z^2)=0$ 确定函数 $z=z(x,y)$，其中 F 具有二阶连续的偏导数，求 $\dfrac{\partial^2 z}{\partial x \partial y}$.

5.4　多元函数的极值

首先给出二元函数极值的概念.

定义 5.5　设二元函数 $u=f(x,y)$ 在点 (x_0, y_0) 的某邻域内有定义，且

$$f(x,y) \leqslant f(x_0, y_0) \quad (f(x,y) \geqslant f(x_0, y_0)),$$

则说函数 $u=f(x,y)$ 在点 (x_0, y_0) 处取**极大（小）值** $f(x_0, y_0)$，并称 (x_0, y_0) 为**极值点**.

极大值与极小值统称为函数的**极值**.

和一元函数一样，二元函数也有类似的极值的必要条件.

定理 5.4（极值的必要条件）　设函数 $u=f(x,y)$ 在点 (x_0, y_0) 处取极值，且在该点处函数的偏导数都存在，则必有 $f_x'(x_0, y_0)=f_y'(x_0, y_0)=0$.

凡使 $f_x'(x,y)=f_y'(x,y)=0$ 式成立的点均称为函数 $u=f(x,y)$ 的**驻点**. 可微函数的极值点必为驻点，但驻点不一定是极值点，是否为极值点还要进一步判定.

定理 5.5（极值的充分条件）　设 (x_0, y_0) 为二元函数 $f(x,y)$ 的驻点，且 $f(x,y)$ 在点 (x_0, y_0) 邻域内具有连续的二阶偏导，记

$$f_{xx}''(x_0, y_0)=A, \quad f_{xy}''(x_0, y_0)=B, \quad f_{yy}''(x_0, y_0)=C.$$

(i) 若 $A>0$，$AC-B^2>0$，则 $f(x_0, y_0)$ 为极小值；

(ii) 若 $A<0$，$AC-B^2>0$，则 $f(x_0, y_0)$ 为极大值；

(ii) 若 $AC-B^2<0$，则 $f(x_0, y_0)$ 不是极值.

例 1　证明函数 $z=(1+e^y)\cos x-ye^y$ 有无穷多个极大值点，但无极小值点.

证明

$$\begin{cases} \dfrac{\partial z}{\partial x}=(1+e^y)(-\sin x)=0, \\[2mm] \dfrac{\partial z}{\partial y}=e^y(\cos x-1-y)=0 \end{cases}$$

得无穷多个驻点

$$x=k\pi, \quad y=\cos k\pi-1, \quad k=0,\pm 1,\pm 2,\cdots,$$

$$A=\frac{\partial^2 z}{\partial x^2}=(1+e^y)(-\cos x),$$

$$B = \frac{\partial^2 z}{\partial x \partial y} = -\mathrm{e}^y \sin x,$$

$$C = \frac{\partial^2 z}{\partial y^2} = (\cos x - 2 - y)\mathrm{e}^y.$$

当 $x = 2k\pi$, $k = 0, \pm 1, \pm 2, \cdots$ 时，$y = 0$，

$$A = -2 < 0, \ AC - B^2 = 2 > 0,$$

故 $(2k\pi, 0)$, $k = 0, \pm 1, \cdots$ 为极大值点

当 $x = (2k+1)\pi$ 时，$y = -2$，

$$AC - B^2 = -(1 + \mathrm{e}^{-2}) \cdot \mathrm{e}^{-2} < 0,$$

故 $((2k+1)\pi, -2)$ 非极值点. 所以函数有无穷个极大值点，无极小值点.　　　□

同一元函数一样，求多元可微函数在有界闭域上的最大(小)值，可先求出函数在该闭域内的一切驻点上的函数值，以及函数在闭域的边界上的最大(小)值，这些函数值中最大(小)值的便是所求的最大(小)值. 但要注意，多元可微函数在区域内若有唯一驻点，且取极大值，也未必是最大值!

例 2　设 $f(x, y) = \sin x + \cos y + \cos(x - y)$，求 $f(x, y)$ 在区域 $0 \leqslant x \leqslant \frac{\pi}{2}, 0 \leqslant y \leqslant \frac{\pi}{2}$ 内的最大值 M，最小值 m.

解　首先将区域内的驻点解出来. 从

$$\begin{cases} \dfrac{\partial f}{\partial x} = \cos x - \sin(x - y) = 0, \\ \dfrac{\partial f}{\partial y} = -\sin y + \sin(x - y) = 0 \end{cases}$$

推得

$$\sin y = \cos x = \sin\left(\frac{\pi}{2} - x\right).$$

又因 $0 \leqslant x, y \leqslant \frac{\pi}{2}$，故有 $y = \frac{\pi}{2} - x$，

$$0 = \frac{\partial f}{\partial x} = \cos x - \sin\left(2x - \frac{\pi}{2}\right) = \cos x + \cos(2x),$$

解得 $x = \frac{\pi}{3}$, $y = \frac{\pi}{6}$，即驻点为 $\left(\frac{\pi}{3}, \frac{\pi}{6}\right)$. 函数在驻点处的值 $f\left(\frac{\pi}{3}, \frac{\pi}{6}\right) = \frac{3\sqrt{3}}{2}$. 另外，在边界上，$f(x, y)$ 的最小值为 0，最大值为 $1 + \sqrt{2}$. 将边界上的最大值、最小值与区域

内部的驻点处的函数值进行比较，得到 $f(x,y)$ 在区域 $0 \leqslant x,\ y \leqslant \dfrac{\pi}{2}$ 内的最大值为 $\dfrac{3}{2}\sqrt{3}$，最小值为 0.

习　题　5.4

1．求下列函数的极值.

（1）$z = 3axy - x^3 - y^3,\ a > 0$；　　　　　　　　（2）$z = \mathrm{e}^{2x}(x + 2y + y^2)$.

2．求函数 $f(x,y) = 2x^3 - 4x^2 + 2xy - y^2$ 在矩形闭区域：$-2 \leqslant x \leqslant 2$，$-1 \leqslant y \leqslant 1$ 上的最大值与最小值.

5.5　二　重　积　分

5.5.1　二重积分的概念

实例　设二元函数 $z = f(x,y)$ 在 Oxy 平面的有界闭区域 σ 上非负、连续，研究以曲面 $z = f(x,y)$ 为顶，σ 为底，σ 的边界线为准线，母线平行于 z 轴的柱面为侧面的**曲顶柱体**（图 5.6）的体积.

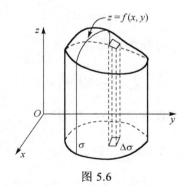

图 5.6

我们知道，平顶柱体的高是不变的，它的体积可以用公式

$$体积 = 高 \times 底面积$$

来计算. 关于曲顶柱体，当点 (x,y) 在区域 σ 变动时，高 $f(x,y)$ 为一个变量，因此它的体积不能直接用上式来定义和计算. 为了解决此问题，我们回忆第 4 章中引入了定积分概念，它的两个要素是被积函数与积分区间. 处理问题的主导思想是：“整体由局部构成，局部线性化，近似中寻精确”，通过“分割、作积、求和、取极限”四步解决问题.

首先，用一组曲线将 σ 分成 n 个小区域

$$\Delta\sigma_1, \Delta\sigma_2, \cdots, \Delta\sigma_n$$

分别以这些小区域的边界为准线，作母线平行于 z 轴的柱面，这些柱面将几何体分成 n 个细曲顶柱体. 由于 $f(x,y)$ 连续，对同一个小闭区域来说，$f(x,y)$ 变化很小，这时细曲顶柱体可以近似看成平顶柱体，在每个 $\Delta\sigma_i$（此小区域的面积也记为 $\Delta\sigma_i$）任取一点 (ξ_i, η_i)，以 $f(\xi_i, \eta_i)$ 为高，以 $\Delta\sigma_i$ 为底的平顶柱体的体积为

$$f(\xi_i, \eta_i)\Delta\sigma_i, \quad i = 1, 2, \cdots, n,$$

这些平顶柱体的体积之和为

$$\sum_{i=1}^{n} f(\xi_i, \eta_i)\Delta\sigma_i.$$

可以认为它是整个曲顶柱体的体积之近似值. 令这些小区域直径的最大值趋于零，所得极限自然地定义为曲顶柱体的体积.

由上面的实例，可以抽象出下面的定义.

定义 5.6 设 $f(x,y)$ 是有界闭域 σ 上的有界函数. 将 σ 分割为 n 个小闭区域，

$$\Delta\sigma_1, \Delta\sigma_2, \cdots, \Delta\sigma_n,$$

同时用它们表示其面积. 称数 $d_i = \sup\limits_{P_1, P_2 \in \Delta\sigma_i} d(P_1, P_2)$ 为 $\Delta\sigma_i$ 的直径，记

$$\lambda = \max_{1 \le i \le n}(d_i).$$

任取点 $P_i(\xi_i, \eta_i) \in \Delta\sigma_i (i = 1, 2, \cdots, n)$ 作乘积的和式

$$\sum_{i=1}^{n} f(\xi_i, \eta_i)\Delta\sigma_i.$$

如果不论怎样分割 σ 以及怎样取点 (ξ_i, η_i)，极限

$$\lim_{\lambda \to 0} \sum_{i=1}^{n} f(\xi_i, \eta_i)\Delta\sigma_i$$

都存在，且为同一个值，则称此极限值为函数 $f(x,y)$ 在有界闭域 σ 上的**二重积分**，记为 $\iint\limits_{\sigma} f(x,y)\mathrm{d}\sigma$，即

$$\iint\limits_{\sigma} f(x,y)\mathrm{d}\sigma = \lim_{\lambda \to 0} \sum_{i=1}^{n} f(\xi_i, \eta_i)\Delta\sigma_i, \tag{1}$$

此时也说 $f(x,y)$ 在 σ 上**可积**，称 $f(x,y)$ 为**被积函数**，$f(x,y)\mathrm{d}\sigma$ 为**被积表达式**，σ 为**积分域**，$\mathrm{d}\sigma$ 为 σ 的**面积元素**.

5.5.2   二重积分的性质

由二重积分的定义和极限运算的性质，不难看出二重积分具有下列性质. 为简便计，约定下面涉及的积分都是存在的.

(1)当 $f(x,y) \equiv 1$ 时，它在 σ 上的积分等于 σ 的面积，即

$$\iint\limits_{\sigma} 1 \, \mathrm{d}\sigma = \sigma.$$

(2)**线性性质**

$$\iint\limits_{\sigma} [af(x,y) + bg(x,y)] \mathrm{d}\sigma = a\iint\limits_{\sigma} f(x,y)\mathrm{d}\sigma + b\iint\limits_{\sigma} g(x,y)\mathrm{d}\sigma,$$

其中 a,b 为常数.

(3)**对积分域的可加性质**   若将 σ 分割为两部分 σ_1, σ_2，则

$$\iint\limits_{\sigma} f(x,y)\mathrm{d}\sigma = \iint\limits_{\sigma_1} f(x,y)\mathrm{d}\sigma + \iint\limits_{\sigma_2} f(x,y)\mathrm{d}\sigma.$$

(4)**比较性质**

(i)若 $f(x,y) \leqslant g(x,y), \ \forall (x,y) \in \sigma$，则

$$\iint\limits_{\sigma} f(x,y)\mathrm{d}\sigma \leqslant \iint\limits_{\sigma} g(x,y)\mathrm{d}\sigma.$$

(ii)

$$\iint\limits_{\sigma} |f(x,y)|\mathrm{d}\sigma \leqslant \left| \iint\limits_{\sigma} f(x,y)\mathrm{d}\sigma \right|.$$

(5)**估值性质**   若 $m \leqslant f(x,y) \leqslant M, \ \forall (x,y) \in \sigma$，则

$$m\sigma \leqslant \iint\limits_{\sigma} f(x,y)\mathrm{d}\sigma \leqslant M\sigma.$$

(6)**积分中值定理**   若 $f(x,y)$ 在有界闭域 σ 上连续，则在 σ 上至少存在一点 (ξ, η)，使得

$$\iint\limits_{\sigma} f(x,y)\mathrm{d}\sigma = f(\xi, \eta)\sigma.$$

证明   因 $f(x,y) \in C(\sigma)$，故有最大值 M 和最小值 m，

$$m \leqslant f(x,y) \leqslant M, \quad \forall (x,y) \in \sigma.$$

由估值性质得

$$m\sigma \leqslant \iint\limits_{\sigma} f(x,y)\mathrm{d}\sigma \leqslant M\sigma,$$

故

$$m \leqslant \frac{1}{\sigma} \iint_{\sigma} f(x,y)\mathrm{d}\sigma \leqslant M ,$$

再由闭域上连续函数的介值定理知，有点 $(\xi,\eta) \in \sigma$ ，使

$$f(\xi,\eta) = \frac{1}{\sigma} \iint_{\sigma} f(x,y)\mathrm{d}\sigma .$$ □

(7) **对称性质**　在直角坐标系 Oxy 下，设积分域 σ 关于坐标轴 $x=0$ 对称. 若被积函数是 x 的奇函数（即满足 $f(-x,y)=-f(x,y)$ ），则

$$\iint_{\sigma} f(x,y)\mathrm{d}\sigma = 0 ;$$

若被积函数是 x 的偶函数（即满足 $f(-x,y)=f(x,y)$ ），则

$$\iint_{\sigma} f(x,y)\mathrm{d}\sigma = 2\iint_{\sigma^+} f(x,y)\mathrm{d}\sigma ,$$

其中 $\sigma^+ = \{(x,y)\,|\,(x,y) \in \sigma,\ \text{且}\ x \geqslant 0\}$.

由对积分域的可加性和二重积分的定义不难证明这条性质.

关于二重积分的存在性，仅叙述如下定理，不予证明.

定理 5.6　若 $f(x,y)$ 在有界闭域 σ 上连续，则 $f(x,y)$ 在 σ 上可积.

5.5.3　二重积分的计算

1.　直角坐标系下二重积分的计算

设 σ 为 Oxy 平面上一有界闭域， $f(x,y) \in C(\sigma)$ ，则二重积分

$$\iint_{\sigma} f(x,y)\mathrm{d}\sigma = \lim_{\lambda \to 0} \sum_{i=1}^{n} f(\xi_i,\eta_i)\Delta \sigma_i \qquad (2)$$

存在. 既然式 (2) 中的极限与 σ 的分割方法无关，用与坐标轴平行的直线网分割 σ ，其典型的小片 $\Delta\sigma$ 为矩形，面积 $\Delta\sigma = \Delta x \Delta y$ ，所以，在直角坐标系下面积微元 $\mathrm{d}\sigma = \mathrm{d}x\mathrm{d}y$ （图 5.7）. 这时二重积分可表示为

$$\iint_{\sigma} f(x,y)\mathrm{d}x\,\mathrm{d}y.$$

当 σ 为 x–**型闭域时**，即 σ 可由不等式组

$$a \leqslant x \leqslant b, \quad y_1(x) \leqslant y \leqslant y_2(x)$$

表示，其中 $y_1(x), y_2(x) \in C[a,b]$. 也就是说积分域 σ 夹在直线 $x=a,\ x=b$ 之间，下边界线是 $y = y_1(x)$ ，上边界线是 $y = y_2(x)$ （图 5.8）.

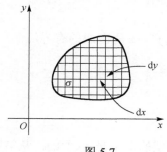

图 5.7

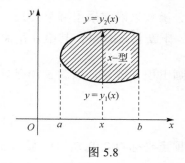

图 5.8

此时曲顶柱体的体积

$$V = \int_a^b S(x)\mathrm{d}x = \int_a^b \left[\int_{y_1(x)}^{y_2(x)} f(x,y)\mathrm{d}y \right] \mathrm{d}x.$$

习惯上,将上式右端的两次定积分记为

$$\int_a^b \mathrm{d}x \int_{y_1(x)}^{y_2(x)} f(x,y)\mathrm{d}y.$$

并把多元函数的这种二次以上的定积分称为**累次积分**. 这样就得到在直角坐标系下二重积分的一个计算公式

$$\iint_\sigma f(x,y)\mathrm{d}x\mathrm{d}y = \int_a^b \mathrm{d}x \int_{y_1(x)}^{y_2(x)} f(x,y)\mathrm{d}y. \tag{3}$$

公式(3)把二重积分化为累次积分. 计算时,先视 x 为常量,把 $f(x,y)$ 只看成 y 的函数,对 y 从 $y_1(x)$ 到 $y_2(x)$ 作定积分;然后将算得的结果(x 的函数)作为被积函数,再对 x 从 a 到 b 作定积分.

当 σ 为 y-型闭域时,即 σ 可由不等式组 $c \leqslant y \leqslant d$, $x_1(y) \leqslant x \leqslant x_2(y)$ 表示,其中 $x_1(y)$, $x_2(y) \in C[c,d]$ (图 5.9). 按照前面的推导方法,可以得到直角坐标系下二重积分的另一个计算公式

$$\iint_\sigma f(x,y)\mathrm{d}x\mathrm{d}y = \int_c^d \mathrm{d}y \int_{x_1(y)}^{x_2(y)} f(x,y)\mathrm{d}x. \tag{4}$$

公式(4)将二重积分化为另一种累次积分,先视 y 为常量,把 $f(x,y)$ 只看为 x 的函数,对 x 从 $x_1(y)$ 到 $x_2(y)$ 作定积分,然后再对 y 从 c 到 d 积分.

若函数 $f(x,y)$ 在积分域 σ 上不恒为正,公式(3),(4)仍然成立. 如果积分域 σ 不属于 x-型或 y-型时,可将 σ 分割为几部分,使每个部分或者是 x-型或者是 y-型,然后利用区域可加性计算积分. 公式(3),(4)将二重积分化为两个不同次序的累次积分. 计算二重积分时,要根据积分

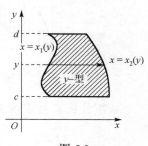

图 5.9

域和被积分函数来确定采用哪个公式.

例 1　计算 $\iint\limits_{\sigma} xy\mathrm{d}x\mathrm{d}y$，其中 σ 是曲线 $y=x^2, y^2=x$ 所围成的有界域.

解　画出积分域 σ，如图 5.10 所示，由方程组

$$\begin{cases} y=x^2, \\ y^2=x, \end{cases}$$

求出图形顶点坐标 $O(0,0), B(1,1)$. 显然 σ 既是 x-型的，又是 y-型的；从被积函数看先对哪个变量积分都一样. 这里选用公式(1)，因为

$$\sigma: 0 \leqslant x \leqslant 1,\ x^2 \leqslant y \leqslant \sqrt{x},$$

所以

$$\iint\limits_{\sigma} xy\mathrm{d}x\mathrm{d}y = \int_0^1 \mathrm{d}x \int_{x^2}^{\sqrt{x}} xy\mathrm{d}y = \int_0^1 \frac{1}{2} xy^2 \bigg|_{x^2}^{\sqrt{x}} \mathrm{d}x$$

$$= \frac{1}{2} \int_0^1 (x^2 - x^5)\mathrm{d}x = \frac{1}{12}.$$

例 2　计算 $\iint\limits_{\sigma} \dfrac{x}{y}\mathrm{d}x\mathrm{d}y$，其中 σ 是由曲线 $xy=1,\ x=\sqrt{y}$ 和 $y=2$ 围成的有界域.

解　画出积分域 σ，如图 5.11 所示，求出顶点坐标 $A\left(\dfrac{1}{2},2\right)$，$B\left(\sqrt{2},2\right)$，$C(1,1)$. 这里 σ 是 y-型域，

$$\sigma: 1 \leqslant y \leqslant 2,\quad \frac{1}{y} \leqslant x \leqslant \sqrt{y}.$$

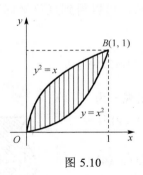

图 5.10

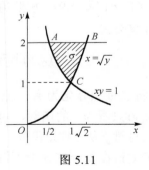

图 5.11

从积分域和被积函数看，先对 x 积分有利，故由式(2)

$$\iint\limits_{\sigma} \frac{x}{y}\mathrm{d}x\mathrm{d}y = \int_1^2 \mathrm{d}y \int_{1/y}^{\sqrt{y}} \frac{x}{y}\mathrm{d}x = \int_1^2 \frac{x^2}{2y}\bigg|_{1/y}^{\sqrt{y}} \mathrm{d}y = \frac{1}{2} \int_1^2 (1-y^{-3})\mathrm{d}y = \frac{7}{16}.$$

如果用公式(3)，先对 y 积分. 那么，要先将 σ 用直线 $x=1$ 分为两块，而且，积分时要用分部积分法，比较麻烦.

例 3　计算 $\iint\limits_{\sigma} \mathrm{e}^{x^2}\mathrm{d}x\mathrm{d}y$，其中 σ 由不等式 $0\leqslant x\leqslant 1,\ 0\leqslant y\leqslant x$ 确定.

解　画出积分域如图 5.12 所示，若采用先 x 后 y 的累次积分公式(4)，

$$\iint\limits_{\sigma} \mathrm{e}^{x^2}\mathrm{d}x\mathrm{d}y = \int_0^1 \mathrm{d}y \int_y^1 \mathrm{e}^{x^2}\mathrm{d}x,$$

就会遇到不能用初等函数表示的积分 $\int \mathrm{e}^{x^2}\mathrm{d}x$. 若采用先 y 后 x 的累次积分公式(3)，则

$$\iint\limits_{\sigma} \mathrm{e}^{x^2}\mathrm{d}x\mathrm{d}y = \int_0^1 \mathrm{d}x \int_0^x \mathrm{e}^{x^2}\mathrm{d}y = \int_0^1 \mathrm{e}^{x^2}x\mathrm{d}x = \frac{1}{2}\mathrm{e}^{x^2}\bigg|_0^1 = \frac{1}{2}(\mathrm{e}-1).$$

计算二重积分时，适当的选取累次积分顺序十分重要，它不仅涉及计算烦简问题，而且有时出现能否进行计算的问题. 计算二重积分，首先要认定积分域(包括画图，确定边界及交点、图形的顶点)，其次根据被积函数和积分域确定累次积分顺序和定积分的上、下限，把重积分化为累次积分. 最后，计算累次积分.

2. 极坐标系下二重积分的计算

计算二重积分 $\iint\limits_{\sigma} f(x,y)\mathrm{d}\sigma$ 还有另外一种方法，极坐标系下计算二重积分，首先将积分域 σ 在极坐标系下表示出来，

$$\sigma:\ \alpha\leqslant\theta\leqslant\beta,\quad r_1(\theta)\leqslant r\leqslant r_2(\theta),$$

其中 $r_1(\theta),\ r_2(\theta)$ 在区间 $[\alpha,\beta]$ 上单值连续(图 5.13).

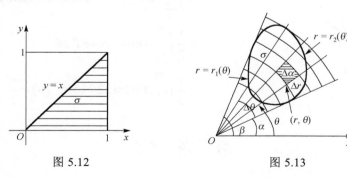

图 5.12　　　　　　　　　　　　图 5.13

用 $r=$ 常数，$\theta=$ 常数的曲线网来分割 σ，其典型小片是圆扇形，其面积 $\Delta\sigma\approx r\Delta r\Delta\theta$，其差是比 $\Delta r\Delta\theta$ 高阶的无穷小，从而**极坐标系下的面积微元**是

$$\mathrm{d}\sigma = r\mathrm{d}r\mathrm{d}\theta.$$

故直角坐标系下的二重积分化为极坐标系下的二重积分公式为

$$\iint\limits_{\sigma} f(x,y)\mathrm{d}x\mathrm{d}y = \iint\limits_{\sigma} f(r\cos\theta,r\sin\theta)r\mathrm{d}r\mathrm{d}\theta. \tag{5}$$

若视 $f(r\cos\theta,r\sin\theta)r$ 为被积函数，把 r,θ 看成与 x,y 等同的两个变量，类比着公式(2)，就可将极坐标系下的二重积分化为累次积分.

$$\iint\limits_{\sigma} f(r\cos\theta,r\sin\theta)r\mathrm{d}r\mathrm{d}\theta = \int_{\alpha}^{\beta}\mathrm{d}\theta\int_{r_1(\theta)}^{r_2(\theta)} f(r\cos\theta,r\sin\theta)r\mathrm{d}r. \tag{6}$$

当积分域 σ 是圆、圆环、圆扇形，被积函数是 x^2+y^2, x^2-y^2, xy 或 y/x 之一的复合函数时，化为极坐标系下的二重积分计算较方便.

例 4　计算积分 $\displaystyle\iint\limits_{x^2+y^2\leq 1}(2x+y)^2\mathrm{d}x\mathrm{d}y$.

解　由对称性知：

$$\iint\limits_{x^2+y^2\leq 1} xy\mathrm{d}\sigma = 0 \ \text{及}\ \iint\limits_{x^2+y^2\leq 1} x^2\mathrm{d}\sigma = \iint\limits_{x^2+y^2\leq 1} y^2\mathrm{d}\sigma,$$

故原积分为

$$\iint\limits_{x^2+y^2\leq 1}(4x^2+y^2)\mathrm{d}\sigma = \frac{5}{2}\iint\limits_{x^2+y^2\leq 1}(x^2+y^2)\mathrm{d}\sigma = \frac{5}{2}\int_0^{2\pi}\mathrm{d}\theta\int_0^1 r^3\mathrm{d}r = \frac{5\pi}{4}.$$

例 5　计算 $\displaystyle\iint\limits_{x^2+y^2\leq x+y}(x+y)\mathrm{d}x\mathrm{d}y$.

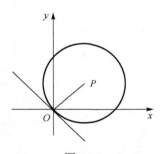

图 5.14

解　用极坐标(图 5.14)

$$I = \int_{\frac{\pi}{4}}^{\frac{3\pi}{4}}\mathrm{d}\theta\int_0^{(\sin\theta+\cos\theta)} r^2(\sin\theta+\cos\theta)\mathrm{d}r$$

$$= \frac{1}{3}\int_{\frac{\pi}{4}}^{\frac{3\pi}{4}}(\sin\theta+\cos\theta)^4\mathrm{d}\theta$$

$$= \frac{1}{3}\int_{\frac{\pi}{4}}^{\frac{3\pi}{4}}(1+2\sin 2\theta+\sin^2 2\theta) = \frac{\pi}{2}.$$

习　题　5.5

1. 函数 $\dfrac{\sin(\pi\sqrt{x^2+y^2})}{x^2+y^2}$ 在圆环 $D:1\leq x^2+y^2\leq 4$ 上的二重积分(　　).

A．不存在　　　　　　　　　　　　B．存在，且为正值

C．存在，且为负值　　　　　　　　D．存在，且为零

2．画出下列积分域 σ 的图形，并把其上的二重积分 $\iint\limits_{\sigma} f(x,y)\mathrm{d}\sigma$ 化为不同次序

的累次积分．

(1) σ 由直线 $x+y=1,\ x-y=1, x=0$ 围成；

(2) σ 由直线 $y=0, y=a, y=x, y=x-2a(a>0)$ 围成；

(3) $\sigma: xy\geqslant 1, y\leqslant x, 0\leqslant x\leqslant 2$ ；

(4) $\sigma: x^2+y^2\leqslant 1,\ x\geqslant y^2$ ．

3．计算下列二重积分．

(1) $\iint\limits_{D}\dfrac{x^2}{1+y^2}\mathrm{d}\sigma$ ，其中 $D: 0\leqslant x\leqslant 1,\ 0\leqslant y\leqslant 1$ ；

(2) $\iint\limits_{D}(x+y)\mathrm{d}\sigma$ ，其中 D 是以 $O(0,0),\ A(1,0),\ B(1,1)$ 为顶点的三角形区域；

(3) $\iint\limits_{D}\dfrac{x^2}{y^2}\mathrm{d}\sigma$ ，其中 D 是由 $y=2, y=x, xy=1$ 所围成的区域；

(4) $\iint\limits_{D}\cos(x+y)\mathrm{d}x\mathrm{d}y$ ，其中 D 是由 $x=0,\ y=x,\ y=\pi$ 所围成的区域；

(5) $\iint\limits_{D}\dfrac{x\sin y}{y}\mathrm{d}x\mathrm{d}y$ ，其中 D 由 $y=x,\ y=x^2$ 所围成．

4．画出下列累次积分的积分域 σ ，并改变累次积分的次序．

(1) $\displaystyle\int_{1}^{\mathrm{e}}\mathrm{d}x\int_{0}^{\ln x} f(x,y)\mathrm{d}y$ ；　　　　　　　　(2) $\displaystyle\int_{0}^{1}\mathrm{d}x\int_{x}^{2x} f(x,y)\mathrm{d}y$ ．

5．求由曲面 $z=x^2+y^2,\ y=x^2,\ y=1,\ z=0$ 所围成的立体的体积．

6．计算下列二重积分．

(1) $\iint\limits_{D}\ln(1+x^2+y^2)\mathrm{d}\sigma$ ，其中 $D: x^2+y^2\leqslant 1$ 的圆域；

(2) $\iint\limits_{D}\sqrt{a^2-x^2-y^2}\,\mathrm{d}\sigma,\ D: x^2+y^2\leqslant ay, |y|\geqslant|x|\ (a>0)$;

(3) $\iint\limits_{D}\sin\sqrt{x^2+y^2}\,\mathrm{d}\sigma,\ D:\pi^2\leqslant x^2+y^2\leqslant 4\pi^2$ ；

(4) $\iint\limits_{D}(x^2+y^2)\mathrm{d}\sigma,\ D: x^2+y^2\geqslant 2x,\ x^2+y^2\leqslant 4x$ ．

最富创造性的数学家——黎曼

1826 年 9 月 17 日，黎曼生于德国北部汉诺威的布列斯伦茨村，父亲是一个乡村的穷苦牧师. 他六岁开始上学，14 岁进入大学预科学习，19 岁按其父亲的意愿进入哥廷根大学攻读哲学和神学，以便将来继承父志也当一名牧师.

由于从小酷爱数学，黎曼在学习哲学和神学的同时也听些数学课. 当时的哥廷根大学是世界数学的中心之一，一些著名的数学家，如高斯、韦伯、斯特尔都在校执教. 黎曼被这里的数学教学和数学研究的气氛所感染，决定放弃神学，专攻数学.

1847 年，黎曼转到柏林大学学习，成为雅可比、狄利克雷、施泰纳、艾森斯坦的学生. 1849 年重回哥丁根大学攻读博士学位，成为高斯晚年的学生.

1851 年，黎曼获得数学博士学位；1854 年被聘为哥廷根大学的编外讲师；1857 年晋升为副教授；1859 年接替去世的狄利克雷被聘为教授.

因长年的贫困和劳累，黎曼在 1862 年婚后不到一个月就开始患胸膜炎和肺结核，其后四年的大部分时间在意大利治病疗养. 1866 年 7 月 20 日病逝于意大利，终年 39 岁.

黎曼是世界数学史上最具独创精神的数学家之一. 黎曼的著作不多，但却异常深刻，极富于对概念的创造与想象. 黎曼在其短暂的一生中为数学的众多领域作了许多奠基性、创造性的工作，为世界数学建立了丰功伟绩.

1. 复变函数论的奠基人

19 世纪数学最独特的创造是复变函数理论的创立，它是 18 世纪人们对复数及复函数理论研究的延续. 1850 年以前，柯西、雅可比、高斯、阿贝尔、魏尔斯特拉斯已对单值解析函数的理论进行了系统的研究，而对于多值函数仅有柯西和皮瑟有些孤立的结论.

1851 年，黎曼在高斯的指导下完成题为《单复变函数的一般理论的基础》的博士论文，后来又在《数学杂志》上发表了四篇重要文章，对其博士论文中的思想做了进一步的阐述. 一方面总结前人关于单值解析函数的成果，并用新的工具予以处理，同时创立多值解析函数的理论基础，并由此为几个不同方向的进展铺平了道路.

柯西、黎曼和魏尔斯特拉斯是公认的复变函数论的主要奠基人，而且后来证明在处理复函数理论的方法上黎曼的方法是本质的，柯西和黎曼的思想被融合起来，魏尔斯特拉斯的思想可以从柯西-曼的观点推导出来.

在黎曼对多值函数的处理中，最关键的是他引入了被后人称"黎曼面"的概念．通过黎曼面给多值函数以几何直观，且在黎曼面上表示的多值函数是单值的．他在黎曼面上引入支点、横剖线、定义连通性，开展对函数性质的研究获得一系列成果．

经黎曼处理的复函数，单值函数是多值函数的特例，他把单值函数的一些已知结论推广到多值函数中，尤其他按连通性对函数分类的方法，极大地推动了拓扑学的初期发展．他研究了阿贝尔函数和阿贝尔积分及阿贝尔积分的反演，得到著名的黎曼-罗赫定理，首创的双有理变换构成 19 世纪后期发展起来的代数几何的主要内容．

黎曼为完善其博士论文，在结束时给出其函数论在保形映射的几个应用，将高斯在 1825 年关于平面到平面的保形映射的结论推广到任意黎曼面上，并在文字的结尾给出著名的黎曼映射定理．

2. 黎曼几何的创始人

黎曼对数学最重要的贡献还在于几何方面，他开创的高维抽象几何的研究、处理几何问题的方法和手段是几何史上一场深刻的革命，他建立了一种全新的后来以其名字命名的几何体系，对现代几何乃至数学和科学各分支的发展都产生了巨大的影响．

1854 年，黎曼为了取得哥廷根大学编外讲师的资格，对全体教员作了一次演讲，该演讲在其逝世后的两年（1868 年）以《关于作为几何学基础的假设》为题出版．演讲中，他对所有已知的几何，包括刚刚诞生的非欧几何之一的双曲几何作了纵贯古今的概要，并提出一种新的几何体系，后人称为黎曼几何．

为竞争巴黎科学院的奖金，黎曼在 1861 年写了一篇关于热传导的文章，这篇文章后来被称为他的"巴黎之作"．文中对他 1854 年的文章作了技术性的加工，进一步阐明其几何思想．该文在他死后在 1876 年收集他的《文集》中．

黎曼主要研究几何空间的局部性质，他采用的是微分几何的途径，这同在欧几里得几何中或者在高斯、波尔约和罗巴切夫斯基的非欧几何中把空间作为一个整体进行考虑是对立的．黎曼摆脱高斯等前人把几何对象局限在三维欧几里得空间的曲线和曲面的束缚，从维度出发，建立了更一般的抽象几何空间．

黎曼引入流形和微分流形的概念，把维空间称为一个流形，维流形中的一个点可以用个可变参数的一组特定值来表示，而所有这些点的全体构成流形本身，这个可变参数称为流形的坐标，而且是可微分的，当坐标连续变化时，对应的点就遍历这个流形．

黎曼仿照传统的微分几何定义流形上两点之间的距离、流形上的曲线、曲线之间的夹角．并以这些概念为基础，展开对维流形几何性质的研究．在维流形上他也定义类似于高斯在研究一般曲面时刻划曲面弯曲程度的曲率．他证明他在维流形上维数等于三时，欧几里得空间的情形与高斯等得到的结果是一致的，因而黎曼几何是传统微分几何的推广.

黎曼发展了高斯关于一张曲面本身就是一个空间的几何思想，开展对维流形内蕴性质的研究. 黎曼的研究导致另一种非欧几何——椭圆几何学的诞生.

在黎曼看来，有三种不同的几何学. 它们的差别在于通过给定一点作关于定直线所作平行线的条数. 如果只能作一条平行线，即为熟知的欧几里得几何学；如果一条都不能作，则为椭圆几何学；如果存在一组平行线，就得到第三种几何学，即罗巴切夫斯基几何学. 黎曼因此继罗巴切夫斯基以后发展了空间的理论，使得一千多年来关于欧几里得平行公理的讨论宣告结束. 他断言，客观空间是一种特殊的流形，预见具有某种特定性质的流形的存在性. 这些逐渐被后人一一予以证实.

由于黎曼考虑的对象是任意维数的几何空间，对复杂的客观空间有更深层的实用价值. 所以在高维几何中，由于多变量微分的复杂性，黎曼采取了一些异于前人的手段使表述更简洁，并最终导致张量、外微分及联络等现代几何工具的诞生. 爱因斯坦就是成功地以黎曼几何为工具，才将广义相对论几何化. 现在，黎曼几何已成为现代理论物理必备的数学基础.

3. 微积分理论的创造性贡献

黎曼除对几何和复变函数方面的开拓性工作以外，还以其对 19 世纪初兴起的完善微积分理论的杰出贡献载入史册.

18 世纪末到 19 世纪初，数学界开始关心数学最庞大的分支——微积分在概念和证明中表现出的不严密性. 波尔查诺、柯西、阿贝尔、狄利克雷进而到魏尔斯特拉斯，都以全力的投入到分析的严密化工作中. 黎曼由于在柏林大学从师狄利克雷研究数学，且对柯西和阿贝尔的工作有深入的了解，因而对微积分理论有其独到的见解.

1854 年黎曼为取得哥廷根大学编外讲师的资格，需要他递交一篇反映他学术水平的论文. 他交出的是《关于利用三角级数表示一个函数的可能性的》文章. 这是一篇内容丰富、思想深刻的杰作，对完善分析理论产生深远的影响.

柯西曾证明连续函数必定是可积的，黎曼指出可积函数不一定是连续的. 关于连续与可微性的关系上，柯西和他那个时代的几乎所有的数学家都相信，而且在后来 50 年中许多教科书都"证明"连续函数一定是可微的. 黎曼给出了一个连续而不可微的著名反例，最终讲清连续与可微的关系.

黎曼建立了如现在微积分教科书所讲的黎曼积分的概念，给出了这种积分存在的必要充分条件.

黎曼用自己独特的方法研究傅里叶级数，推广了保证傅里叶展开式成立的狄利克雷条件，即关于三角级数收敛的黎曼条件，得出关于三角级数收敛、可积的一系列定理．他还证明：可以把任一条件收敛的级数的项适当重排，使新级数收敛于任何指定的和或者发散．

4. 解析数论跨世纪的成果

19 世纪数论中的一个重要发展是由狄利克雷开创的解析方法和解析成果的导入，而黎曼开创了用复数解析函数研究数论问题的先例，取得跨世纪的成果．

1859 年，黎曼发表了《在给定大小之下的素数个数》的论文．这是一篇不到十页的内容极其深刻的论文，他将素数的分布的问题归结为函数的问题，现在称为黎曼函数．黎曼证明了函数的一些重要性质，并简要地断言了其他的性质而未予证明．

在黎曼死后的一百多年中，世界上许多最优秀的数学家尽了最大的努力想证明他的这些断言，并在作出这些努力的过程中为分析创立了新的内容丰富的新分支．如今，除了他的一个断言外，其余都按黎曼所期望的那样得到了解决．

那个未解决的问题现称为"黎曼猜想"，即在带形区域中的一切零点都位于去这条线上(希尔伯特 23 个问题中的第 8 个问题)，这个问题迄今没有人证明．对于某些其他领域，布尔巴基学派的成员已证明相应的黎曼猜想．数论中很多问题的解决有赖于这个猜想的解决．黎曼的这一工作既是对解析数论理论的贡献，也极大地丰富了复变函数论的内容．

5. 组合拓扑的开拓者

在黎曼博士论文发表以前，已有一些组合拓扑的零散结果，其中著名的如欧拉关于闭凸多面体的顶点、棱、面数关系的欧拉定理．还有一些看起来简单又长期得不到解决的问题：如哥尼斯堡七桥问题、四色问题，这些促使了人们对组合拓扑学(当时被人们称为位置几何学或位置分析学)的研究．但拓扑研究的最大推动力来自黎曼的复变函数论的工作．

黎曼在 1851 年他的博士论文中，以及在他的阿贝尔函数的研究里都强调说，要研究函数，就不可避免地需要位置分析学的一些定理．按现代拓扑学术语来说，黎曼事实上已经对闭曲面按亏格分类．值得提到的是，在其学位论文中，他说到某些函数的全体组成(空间点的)连通闭区域的思想是最早的泛函思想．

比萨大学的数学教授贝蒂曾在意大利与黎曼相会，黎曼由于当时病魔缠身，自身已无能力继续发展其思想，把方法传授给了贝蒂．贝蒂把黎曼面的拓扑分类推广到高维图形的连通性，并在拓扑学的其他领域作出杰出的贡献．黎曼是当之无愧的组合拓扑的先期开拓者．

6. 代数几何的开源贡献

19 世纪后半叶，人们对黎曼研究阿贝尔积分和阿贝尔函数所创造的双有理变换的方法产生极大的兴趣．当时他们把代数不变量和双有理变换的研究称为代数几何．

黎曼在 1857 年的论文中认为，所有能彼此双有理变换的方程(或曲面)属于同一类，它们有相同的亏格. 黎曼把常量的个数称为"类模数"，常量在双有理变换下是不变量. "类模数"的概念是现在"参模"的特殊情况，研究参模上的结构是现代最热门的领域之一.

著名的代数几何学家克莱布什后来到哥廷根大学担任数学教授，他进一步熟悉了黎曼的工作，并对黎曼的工作给予新的发展. 虽然黎曼英年早逝，但世人公认，研究曲线的双有理变换的第一个大的步骤是由黎曼的工作引起的.

7. 在数学物理、微分方程等其他领域的丰硕成果

黎曼不但对纯数学作出了划时代的贡献，他也十分关心物理及数学与物理世界的关系，他写了一些关于热、光、磁、气体理论、流体力学及声学方面的有关论文. 他是对冲击波作数学处理的第一个人，他试图将引力与光统一起来，并研究人耳的数学结构. 他将物理问题抽象出的常微分方程、偏微分方程进行定论研究得到一系列丰硕成果.

黎曼在 1857 年的论文《对可用高斯级数表示的函数的理论的补充》及同年写的一个没有发表而后收集在其全集中的一个片断中，他处理了超几何微分方程和讨论带代数系数的阶线性微分方程. 这是关于微分方程奇点理论的重要文献.

19 世纪后半期，许多数学家花了很多精力研究黎曼问题，然而都失败了，直到 1905 年希尔伯特和 Kellogg 借助当时已经发展了的积分方程理论，才第一次给出完全解.

黎曼在常微分方程理论中自守函数的研究上也有建树，在他的 1858—1859 年关于超几何级数的讲义和 1867 年发表的关于极小正曲面的一篇遗著中，他建立了为研究二阶线性微分方程而引进的自守函数理论，即现在通称的黎曼-施瓦茨定理.

在偏微分方程的理论和应用上，黎曼在 1858～1859 年论文中，创造性的提出解波动方程初值问题的新方法，简化了许多物理问题的难度；他还推广了格林定理；对关于微分方程解的存在性的狄里克莱原理作了杰出的工作……

黎曼在物理学中使用的偏微分方程的讲义，后来由韦伯以《数学物理的微分方程》编辑出版，这是一本历史名著.

不过，黎曼的创造性工作当时未能得到数学界的一致公认，一方面由于他的思想过于深邃，当时人们难以理解，如无自由移动概念非常曲率的黎曼空间就很难为人接受，直到广义相对论出现才平息了指责；另一方面也由于他的部分工作不够严谨，如在论证黎曼映射定理和黎曼-罗赫定理时，滥用了狄利克雷原理，曾经引起了很大的争议.

黎曼的工作直接影响了 19 世纪后半期的数学发展，许多杰出的数学家重新论证黎曼断言过的定理，在黎曼思想的影响下数学许多分支取得了辉煌成就.

本文选自：http://baike.baidu.com/link?url=J2UIKjU10qOYNLLabb-klv38DqXMbQdm 09fojw33YuWAwH6ibC6F8Kvs6AvI64goKxccuMTKJjraHNg53WhyhC8iAjcjxfMZdOs QcY2oS1JF3ZyNE-ztV2DcXT-lu5QH.

参 考 文 献

哈尔滨工业大学数学系数学分析教研室.2015. 工科数学分析(上、下). 5 版. 北京：高等教育出版社.

哈尔滨工业大学数学系数学分析教研室.2015. 工科数学分析学习指导与习题解答(上、下册). 北京：高等教育出版社.

同济大学应用数学系.2003. 微积分. 北京：高等教育出版社.

部分习题答案

第 1 章

习题 1.1

1. (1) $(0.8,1.2)$；　　　　(2) $(-4,1)\cup(1,6)$；　　(3) $(-\infty,-50]\cup[50,+\infty)$；

　(4) $(-2,0)\cup(4,6)$.

2. (1) $(-\infty,0)$；　　　　(2) $[-4,-\pi]\cup[0,\pi]$；　(3) $[-1,0]$ 和 $x=1$；

　(4) $(-\infty,-1)\cup(1,3)$.

3. (1) $f(2)=0$，$f(-2)=-4$，$f(0)=2$；

　(2) $f(1)=0$，　$f(\pi/4)=\dfrac{\sqrt{2}}{2}$,$f(-2)=0,f(-\pi/4)=\dfrac{\sqrt{2}}{2}$；

　(3) $f(a^2)=2a^2-3,[f(a)]^2=4a^2-12a+9$.

4. $f(x)=-\dfrac{5}{3}x+\dfrac{1}{3},f(5)=-8$.

习题 1.2

1. (1) 偶，$T=\pi$；　　　(2) $T=1$；　　　　(3) 奇；　　　(4) 偶.

2. (1) $(-\infty,0)\downarrow$,$(0,+\infty)\uparrow$，无界；　　(2) $(-\infty,+\infty)\uparrow$，有界；

　(3) $(-\infty,0)\downarrow$，$[0,+\infty)$为常数，无界；　(4) $[-a,0)\uparrow,[0,a]\downarrow$，有界.

3. $y=x-2\pi$.

4. $f(x)=x+x^2$.

习题 1.3

1. (1) $y=u^3,u=\sin v,v=\dfrac{1}{x}$；　　　　(2) $y=2^u,u=\arcsin v,v=x^2$；

　(3) $y=\lg u,u=\lg v,v=\lg w,w=x^{\frac{1}{2}}$；　　(4) $y=\arctan u,u=\mathrm{e}^v,v=\cos x$.

2. $f(\varphi(x))=-\sin 2x\cos^2 2x,\varphi(f(1))=0$.

3. $\varphi(x)=\arcsin(1-x^2),\left[-\sqrt{2},\sqrt{2}\right]$.

4. $1/(x^2-2)$.

5. (1) $[-\sqrt{11},-\sqrt{2}]\cup[\sqrt{2},\sqrt{11}]$; (2) $x=2k\pi,k=0,\pm1,\pm2,\cdots$.

第 2 章

习题 2.1

1. (1) 2; (2) 无极限; (3) 1; (4) 0.

2. (1) 2; (2) $\dfrac{1}{2}$; (3) 1; (4) 2; (5) 2;

(6) 0; (7) $2x$; (8) $\dfrac{1}{2}$; (9) $\left(\dfrac{3}{2}\right)^{25}$; (10) -1;

(11) 0; (12) -2.

3. (1) k; (2) $\dfrac{1}{2}$; (3) 1; (4) $(-1)^n$; (5) 1;

(6) $4\sqrt{2}$; (7) e^{-3}; (8) e; (9) e^{-1}; (10) e^{-1}.

4. (1) 0; (2) 1.

5. $\cos x+2\sin\dfrac{x}{2}$.

6. $a=\ln 3$.

习题 2.2

1. (1) $(-1,0)$, $(0,+\infty)$, $x=0$ 是可去间断点, 补充定义 $f(0)=\mathrm{e}$ 时, 函数在 $x=0$ 处连续.

(2) $(n\pi,(n+1)\pi)$, 间断点是 $x=n\pi(n=0,\pm1,\pm2,\cdots)$, $x=0$ 为可去间断点, 补充定义 $f(0)=1$ 即可, 其余为第二类间断点;

(3) 除 $x=-1,0,1$ 外处处连续, $x=-1$ 为第二类间断点, $x=0$ 为第一类跳跃间断点, $x=1$ 为可去间断点, 补充定义 $f(1)=\dfrac{1}{2}$ 即可;

(4) $(-\infty,0),(0,+\infty)$, $x=0$ 为第一类跳跃间断点;

(5) $\left(-\infty,\left(\ln\dfrac{2}{3}\right)^{-1}\right)$, $\left(\left(\ln\dfrac{2}{3}\right)^{-1},0\right)$, $(0,+\infty)$, $x=0$ 为第一类跳跃间断点, $\left(\ln\dfrac{2}{3}\right)^{-1}$ 为第二类间断点.

2. 不能, 因为 $x=0$ 是跳跃间断点, 不是可去间断点.

3. (1) $b=1$, a 任取; (2) $a=b=1$.

4. 不一定.

第 3 章

习题 3.1

1. (1) $\dfrac{7}{8}x^{-\frac{1}{8}}$;

(2) $\dfrac{2}{x\ln 10}-\dfrac{3}{1+x^2}$;

(3) $\tan x + x\sec^2 x + \csc^2 x$;

(4) $2^x e^x(1+\ln 2)$;

(5) $\sin x \ln x + x\cos x \ln x + \sin x$;

(6) $(x-b)(x-c)+(x-a)(x-c)+(x-a)(x-b)$;

(7) $\dfrac{2e^x}{(e^x+1)^2}$;

(8) $\dfrac{1}{\sqrt{x}(1-\sqrt{x})^2}-\dfrac{2}{x\sqrt[3]{x^2}}$.

2. $4x+y-3=0$ ， $x-4y+\dfrac{31}{4}=0$.

3. -2 ， $x=1$ 和 $x=-2$.

4. $\Delta y = 0.009001, \mathrm{d}y = 0.009$.

5. (1) $\dfrac{1}{2}x^2+C$;　　　(2) $\ln|x|+C$;　　　(3) $-\cos x + C$;

(4) $\tan x + C$;　　　(5) $2\sqrt{x}+C$;　　　(6) $\arcsin x + C$.

习题 3.2

1. (1) $3\cos 3x \cdot a^{\sin 3x}\ln a$;

(2) $-3x^2\sin 2x^3$;

(3) $\dfrac{1}{x^2}\sin\dfrac{1}{x}\cos\cos\dfrac{1}{x}$;

(4) $-\dfrac{3x\cos^2\sqrt{x^2+1}}{\sqrt{x^2+1}\sin^4\sqrt{x^2+1}}$.

2. $\dfrac{3}{4}\pi$

3. $f'(a)=\cos a, [f(a)]'=0, f'(2x)=\cos 2x, [f(2x)]'=2\cos 2x.$

$f'(f(x))=\cos(\sin x),\quad [f(f(x))]'=\cos x\cdot\cos(\sin x).$

4. (1) $-\sqrt{\dfrac{y}{x}}$; 　(2) $\dfrac{x+y}{x-y}$; 　(3) $\dfrac{\left(2^{x+y}-2^x\right)\ln 2}{2-2^{x+y}\ln 2}$; 　(4) $y'\Big|_{\substack{x=2\\y=4}}=\dfrac{5}{2}, y'\Big|_{\substack{x=2\\y=0}}=-\dfrac{1}{2}$.

5. (1) $(\sin x)^{\cos x}\left(\dfrac{\cos^2 x}{\sin x}-\sin x\ln\sin x\right)$;　　(2) $2-2\ln 2$.

6. (1) $\dfrac{2}{3t}$;　　　　　(2) $\cot\dfrac{\theta}{2}$.

7. (1) $-\dfrac{1}{\sqrt{(x^2-1)^3}}$; (2) $\dfrac{1}{\sqrt{a^2+x^2}}$; (3) $-\dfrac{b^4}{a^2y^3}$;

(4) $-\dfrac{2}{y^3}\left(1+\dfrac{1}{y^2}\right)$; (5) $\dfrac{-b}{a^2\sin^3 t}$; (6) $\dfrac{1+t^2}{4t}$.

8. $\dfrac{1}{2}e^2-\dfrac{3}{4}e$.

9. (1) $-2^{n-1}\cos\left(2x+\dfrac{n\pi}{2}\right)$; (2) $(x+n)e^x$.

习题 3.3

1. (1)满足，有；(2)满足，有；(3)不满足，没有；(4)不满足，有.

2. 两个，$\xi_1=\dfrac{1}{2}$, $\xi_2=\sqrt{2}$.

3. $0<\xi_1<1<\xi_2<2<\xi_3<3<\xi_4<4$.

4. (1) $-\dfrac{1}{6}$; (2) 1 ； (3) 1 ； (4) 0 ； (5) $\dfrac{2}{\pi}$ ； (6) ab ； (7) $\dfrac{m-n}{2}$ ； (8) $\dfrac{1}{2}$ ；

(9) 1 ； (10) e ； (11) 1 ； (12) e.

5. (1) $a=g'(0)$;

(2) $f'(x)=\dfrac{1}{x^2}\left[xg'(x)+x\sin x-g(x)+\cos x\right],x\neq 0,\ f'(0)=\dfrac{1}{2}[1+g''(0)]$;

(3) $f'(x)$ 在 $x=0$ 处连续.

习题 3.4

1. (1) 在 $(0,1)$ 内单增，在 $(1,2)$ 内单减；
(2) 在 $(-\infty,0)$ 内单增，在 $(0,+\infty)$ 内单减.

3. (1) 极大值 $f(-1)=17$, 极小值 $f(3)=-47$;

(2) 极大值 $f\left(\dfrac{1}{2}\right)=\dfrac{81}{8}\sqrt[3]{18}$, 极小值 $f(5)=0,f(-1)=0$;

(3) 极小值 $f(e)=3$.

4. 极大值 $f(0)=0$, 极小值 $f(1/e)=-1/e$.

5. (1) 最大值 $f(4)=8$, 最小值 $f(0)=0$;

(2) 最大值 $f(1/e)=(1/e)^{1/e}$, 最小值 $f(1)=1$.

7. (1) 上凸区间 $\left(-\infty,-\dfrac{\sqrt{3}}{3}\right)$, $\left(\dfrac{\sqrt{3}}{3},+\infty\right)$, 下凸区间 $\left(-\dfrac{\sqrt{3}}{3},\dfrac{\sqrt{3}}{3}\right)$, 拐点 $\left(-\dfrac{\sqrt{3}}{3},\dfrac{23}{18}\right)$

及 $\left(\dfrac{\sqrt{3}}{3},\dfrac{23}{18}\right)$；

(2)上凸区间 $(-\infty,-1)$， $(1,+\infty)$， 下凸区间 $(-1,1)$，拐点 $(-1,\ln 2)$ 及 $(1,\ln 2)$.

8. $a=-\dfrac{3}{2},b=\dfrac{9}{2}$.

9. (1) $x=b,y=c$；　　　　　　　(2) $x=0,y=x$.

第 4 章

习题 4.1

1. (1) $-\dfrac{1}{2}\cos 2x+C$；　　(2) $\dfrac{1}{2}\dfrac{a^{2x}}{\ln a}+C$；　　(3) $\dfrac{1}{a}\dfrac{1}{n+1}(ax+b)^{n+1}+C$.

2. $y=1+\ln x$.

3. C.

4. (1) $\dfrac{1}{3}x^3-10x^{0.3}+x+C$；

(2)当 $m=-n$ 时， $\ln|x|+C$， 当 $m\neq-n$ 时， $\dfrac{m}{n+m}x^{\frac{n+m}{m}}+C$；

(3) $\dfrac{8}{15}x^{\frac{15}{8}}+C$；　　　　　(4) $x^3+\arctan x+C$；

(5) $\dfrac{3^{2x}e^x}{1+2\ln 3}+C$；　　　　(6) $-\dfrac{1}{\ln 5}\left(\dfrac{1}{5}\right)^x-\dfrac{1}{\ln 2}\left(\dfrac{1}{2}\right)^x+C$；

(7) $\dfrac{x}{2}+\dfrac{1}{2}\sin x+C$；　　(8) $\tan x-x+C$；

(9) $-\cot x-\tan x+C$；　　(10) $\dfrac{1}{2}\tan x+\dfrac{x}{2}+C$.

习题 4.2

1. (1) $\ln\left|\dfrac{C}{a-x}\right|$；　　　　(2) $\dfrac{1}{\sqrt{5}}\arcsin\left(\sqrt{\dfrac{5}{7}}x\right)+C$；

(3) $\dfrac{1}{101a}(ax+b)^{101}+C$　　(4) $\dfrac{3}{\sqrt{35}}\arctan\left(\sqrt{\dfrac{5}{7}}x\right)-\dfrac{1}{5}\ln(5x^2+7)+C$；

(5) $-\ln 10\cdot\cos\lg x+C$；　　(6) $-e^{1/x}+C$；

(7) $\dfrac{1}{\ln a}\arctan a^x+C$；　　(8) $-\dfrac{1}{3\ln 2}\ln(1+3\cdot 2^{-x})+C$.

2. (1) $-\dfrac{1}{(x-1)^9}\left[\dfrac{1}{9}+\dfrac{x-1}{4}+\dfrac{(x-1)^2}{7}\right]+C$;

(2) $\dfrac{1}{4}(2x+5)^{11}\left(\dfrac{x}{6}-\dfrac{5}{132}\right)+C$;　　　　(3) $2[\sqrt{1+x}-\ln(1+\sqrt{1+x})]+C$;

(4) $x+\dfrac{6}{5}x^{\frac{5}{6}}+\dfrac{3}{2}x^{\frac{2}{3}}+2x^{\frac{1}{2}}+3x^{\frac{1}{3}}+6x^{\frac{1}{6}}+6\ln|\sqrt[6]{x}-1|+C$;

(5) $\sqrt{x^2-a^2}-|a|\arccos\dfrac{|a|}{x}+C$;　　　　(6) $\ln\left|\dfrac{1-\sqrt{1-x^2}}{x}\right|+C$.

3. (1) $\dfrac{3^x}{1+\ln^2 3}(\sin x+\ln 3\cdot\cos x)+C$;　　(2) $\sin x-x\cos x+C$;

(3) $\dfrac{1}{4}(2x^2+10x+11)\sin 2x+\dfrac{1}{4}(2x+5)\cos 2x+C$;

(4) $\dfrac{1}{8}\sin 2x-\dfrac{1}{4}x\cos 2x+C$;　　　　(5) $-x\cot x+\ln|\sin x|+C$;

(6) $x\tan x+\ln|\cos x|-\dfrac{1}{2}x^2+C$;　　　　(7) $x\arctan x-\dfrac{1}{2}\ln(1+x^2)+C$;

(8) $\dfrac{1}{4}(2x^2-1)\arcsin x+\dfrac{1}{4}x\sqrt{1-x^2}+C$.

4. $x\ln x+C.$

习题 4.3

1. (1) $y=2-\cos x$;　　　　　　　　(2) $y=x^2+3$.

2. (1) $y=x^2+C$;　　　　　　　　(2) $\arcsin x-\arcsin y=C;$

(3) $y=C\cos x-3;$　　　　　　　(4) $y=C(a+x)(1-ay)$.

3. (1) $\ln y=\csc x-\cot x;$　　　　　(2) $y[1+\ln(x+1)]=1.$

4. $y=\dfrac{2x}{x-1}$.

5. (1) $y=Ce^{x^2}+\dfrac{1}{2}x^2$;　　　　　(2) $y=\tan x-1+Ce^{-\tan x}$;

(3) $y=x(\ln|x|+C)^2$;　　　　　(4) $y^2e^{x/y}=Cx$.

6. $\dfrac{\mathrm{d}P}{\mathrm{d}t}=k(P_0-P)(k>0)$.

习题 4.4

1. (1)前面积分大；　　　　　　　(2)前面积分大.

2. C.

3. (1) $\dfrac{\sin x}{x}$;　　　　　　　　　(2) $-\sqrt{1+x^4}$;

(3) $\dfrac{2x^3\sin x^2}{1+\cos^2 x^2}$;　　　　　(4) $2x\mathrm{e}^{-x^4}-\mathrm{e}^{-x^2}$;

(5) $\dfrac{1}{1+\sin^2 x}\cos\left(\displaystyle\int_0^x\dfrac{\mathrm{d}t}{1+\sin^2 t}\right)$　　(6) $xf(x)+\displaystyle\int_0^x f(t)\mathrm{d}t$.

4. (1) 9;　　　(2) $\pi/4$;　　　(3) 1;　　　(4) $1-\mathrm{e}$;

(5) 1;　　　(6) $\pi/3$;　　　(7) $\dfrac{1}{2}\ln\dfrac{8}{5}$;　　　(8) 3/2.

5. 17/12.

6. (1) $7+2\ln 2$;　(2) $2-\dfrac{\pi}{2}$;　(3) $1-\dfrac{\pi}{4}$;　(4) $\dfrac{\pi}{12}$.

7. (1) $\dfrac{1}{4}+\dfrac{\pi^2}{16}$;　(2) $\dfrac{1}{5}(\mathrm{e}^x-2)$;　(3) $\dfrac{2\pi}{3}-\dfrac{\sqrt3}{2}$;　　(4) $\dfrac{\mathrm{e}^2+3}{8}$.

(5) 0;　　　(6) 0.

8. $\dfrac{a^2}{3}$.

9. $\dfrac{1}{2}$.

10. (1) $C(x)=1+3x+\dfrac{1}{6}x^2$,　$R(x)=7x-\dfrac{1}{2}x^2$,　$L(x)=-1+4x-\dfrac{2}{3}x^2$;

(2) 总成本 16 万元，总收益 16 万元；

(3) 产量为 3 时，总利润最大 5 万元.

习题 4.5

1. (1) $\dfrac{1}{3}$;　　(2) π;　　(3) 发散;　　(4) 发散;

(5) $6\sqrt[3]{2}$;　　(6) $\dfrac{\pi}{2}$.

第 5 章

习题 5.1

1. $f(x)=x^2-x, z=(x-y)^2+2y$.

3. $f(x,y)=x^2(1-y)(1+y)^{-1}$.

4. (1) e^{π^2} ;　　(2) 2.

5. (1) $(0,0)$;　　　　(2) $x^2 + y^2 = 4$;　　　　(3) $z = 0$ 及 $x = y^2$.

6. 连续函数.

习题 5.2

1. 1.

2. (1) $\dfrac{\partial z}{\partial x} = y^2 (1 + xy)^{y-1}$,　$\dfrac{\partial z}{\partial y} = (1 + xy)^y \left[\ln(1 + xy) + \dfrac{xy}{1 + xy} \right]$;

(2) $\dfrac{\partial z}{\partial x} = e^{-x}[\cos(x + 2y) - \sin(x + 2y)]$,　$\dfrac{\partial z}{\partial y} = 2e^{-x}\cos(x + 2y)$;

(3) $\dfrac{\partial z}{\partial x} = -\dfrac{y}{x^2 + y^2}$,　$\dfrac{\partial z}{\partial y} = \dfrac{x}{x^2 + y^2}$;

(4) $\dfrac{\partial z}{\partial x} = \dfrac{y}{2\sqrt{x(1 - xy^2)}}$,　$\dfrac{\partial z}{\partial y} = \dfrac{\sqrt{x}}{\sqrt{1 - xy^2}}$.

3. (1) $z''_{xx} = -y^2 \cos xy$,　$z''_{xy} = -\sin xy - xy\cos xy$,　$z''_{yy} = -x^2 \cos xy$;

(2) $z''_{xx} = 2y(2y - 1)x^{2y-2}$,　$z''_{xy} = 2x^{2y-1}(1 + 2y\ln x)$,　$z''_{yy} = 4(\ln x)^2 x^{2y}$;

(3) $z''_{xx} = e^x \cos y$,　$z''_{xy} = -e^x \sin y$,　$z''_{yy} = -e^x \cos y$;

(4) $z''_{xx} = \dfrac{e^{x+y}}{(e^x + e^y)^2}$,　$z''_{xy} = \dfrac{-e^{x+y}}{(e^x + e^y)^2}$,　$z''_{yy} = \dfrac{e^{x+y}}{(e^x + e^y)^2}$.

4. (1) $\mathrm{d}z|_{M_0} = 4\mathrm{d}x + 12\mathrm{d}y$,　$\mathrm{d}z = 2xy^3\mathrm{d}x + 3x^2y^2\mathrm{d}y$;

(2) $\mathrm{d}z|_{M_0} = 0$,　$\mathrm{d}z = e^{xy}(y\mathrm{d}x + x\mathrm{d}y)$;

(3) $\mathrm{d}z|_{M_0} = \mathrm{d}x + \mathrm{d}y$,　$\mathrm{d}z = [1 + \ln(xy)]\mathrm{d}x + \dfrac{x}{y}\mathrm{d}y$.

5. 108.9078.

习题 5.3

1. (1) $z'_x = \dfrac{1}{x^2 y}(x^4 - y^4 + 2x^3 y)\exp\left(\dfrac{x^2 + y^2}{xy}\right)$,

$z'_y = \dfrac{1}{xy^2}(-x^4 + y^4 + 2xy^3)\exp\left(\dfrac{x^2 + y^2}{xy}\right)$;

(2) $z'_x = \dfrac{y^2}{(x + y)^2}\arctan(x + y + xy) + \dfrac{xy(1 + y)}{(x + y)[1 + (x + y + xy)^2]}$,

$z'_y = \dfrac{x^2}{(x + y)^2}\arctan(x + y + xy) + \dfrac{xy(1 + y)}{(x + y)[1 + (x + y + xy)^2]}$.

2. $\dfrac{\partial z}{\partial x} = \mathrm{e}^{xy}[y\sin(x-y)+\cos(x-y)]$, $\quad \dfrac{\partial z}{\partial y} = \mathrm{e}^{xy}[x\sin(x-y)-\cos(x-y)]$.

3. (1) $z'_x = f'_1 + 2xf'_2$, $\quad z'_y = f'_1 + 2yf'_2$;

(2) $z'_x = \dfrac{1}{y}f'_1 - \dfrac{y}{x^2}f'_2$, $\quad z'_y = -\dfrac{x}{y^2}f'_1 + \dfrac{1}{x}f'_2$.

4. (1) $\mathrm{d}z = (f'_1 + f'_2)\mathrm{d}x + (f'_2 - f'_1)\mathrm{d}y$, $\quad z'_x = f'_1 + f'_2$, $\quad z'_y = f'_2 - f'_1$;

(2) $\mathrm{d}z = \left(yf'_1 + \dfrac{1}{y}f'_2\right)\mathrm{d}x + \left(xf'_1 - \dfrac{x}{y^2}f'_2\right)\mathrm{d}y$, $\quad z'_x = yf'_1 + \dfrac{1}{y}f'_2$, $\quad z'_y = xf'_1 - \dfrac{x}{y^2}f'_2$.

5. (1) $\dfrac{\partial z}{\partial x} = \dfrac{z}{x+z}$, $\quad \dfrac{\partial z}{\partial y} = \dfrac{z^2}{y(x+z)}$, $\quad \dfrac{\partial^2 z}{\partial x^2} = \dfrac{-z^2}{(x+z)^3}$,

$\dfrac{\partial^2 z}{\partial y^2} = -\dfrac{x^2 z^2}{y^2(x+z)^3}$, $\quad \dfrac{\partial^2 z}{\partial x \partial y} = \dfrac{xz^2}{y(x+z)^3}$;

(2) $\dfrac{\partial z}{\partial x} = \dfrac{2-x}{z+x}$, $\quad \dfrac{\partial z}{\partial y} = \dfrac{2y}{z+1}$, $\quad \dfrac{\partial^2 z}{\partial x^2} = -\dfrac{(z+1)^2 + (2-x)^2}{(z+1)^3}$,

$\dfrac{\partial^2 z}{\partial y^2} = 2\dfrac{(z+1)^2 - 2y^2}{(z+1)^3}$, $\quad \dfrac{\partial^2 z}{\partial x \partial y} = \dfrac{2y(x-2)}{(z+1)^3}$.

6. $\dfrac{\partial^2 z}{\partial x \partial y} = -\dfrac{4(z-x)(z-y)}{(F'_1 + 2zF'_2)^3}(F'^2_1 F''_{22} - 2F'_1 F'_2 F''_{12} + F'^2_2 F''_{11}) - \dfrac{2(F'_1 + 2xF'_2)(F'_1 + 2yF'_2)}{(F'_1 + 2zF'_2)^3}F'_2$.

习题 5.4

1. (1) 点 (a,a) 处取极大值 a^3;

(2) 点 $\left(\dfrac{1}{2}, -1\right)$ 处取极小值 $-\dfrac{\mathrm{e}}{2}$.

2. 最大值 $f(2,1) = 3$，最小值 $f(-2,1) = -37$.

习题 5.5

1. C.

2. (1) $\displaystyle\int_0^1 \mathrm{d}x \int_{x-1}^{1-x} f(x,y)\mathrm{d}y$, $\quad \displaystyle\int_{-1}^0 \mathrm{d}y \int_0^{1+y} f(x,y)\mathrm{d}x + \int_0^1 \mathrm{d}y \int_0^{1-y} f(x,y)\mathrm{d}x$;

(2) $\displaystyle\int_0^a \mathrm{d}y \int_y^{2a+y} f(x,y)\mathrm{d}x$,

$\displaystyle\int_0^a \mathrm{d}x \int_0^x f(x,y)\mathrm{d}y + \int_a^{2a} \mathrm{d}x \int_0^a f(x,y)\mathrm{d}y + \int_{2a}^{3a} \mathrm{d}x \int_{x-2a}^a f(x,y)\mathrm{d}y$;

(3) $\displaystyle\int_1^2 \mathrm{d}x \int_{1/x}^x f(x,y)\mathrm{d}y$, $\quad \displaystyle\int_{1/2}^1 \mathrm{d}y \int_{1/y}^2 f(x,y)\mathrm{d}x + \int_1^2 \mathrm{d}y \int_y^2 f(x,y)\mathrm{d}x$;

(4) $\int_{-\sqrt{\frac{\sqrt{5}-1}{2}}}^{\sqrt{\frac{\sqrt{5}-1}{2}}} \mathrm{d}y \int_{y^2}^{\sqrt{1-y^2}} f(x,y)\mathrm{d}y$,

$\int_0^{\sqrt{\frac{\sqrt{5}-1}{2}}} \mathrm{d}x \int_{-\sqrt{x}}^{\sqrt{x}} f(x,y)\mathrm{d}y + \int_{\frac{\sqrt{5}-1}{2}}^1 \mathrm{d}x \int_{-\sqrt{1-x^2}}^{\sqrt{1-x^2}} f(x,y)\mathrm{d}y$.

3. (1) $\dfrac{\pi}{12}$; (2) $\dfrac{1}{2}$; (3) $\dfrac{27}{64}$; (4) -2 ;

(5) $\dfrac{1}{2}(1-\sin 1)$.

4. (1) $\displaystyle\int_0^1 \mathrm{d}y \int_{e^y}^{e} f(x,y)\mathrm{d}x$; (2) $\displaystyle\int_0^1 \mathrm{d}y \int_{y/2}^{y} f(x,y)\mathrm{d}x + \int_1^2 \mathrm{d}y \int_{y/2}^1 f(x,y)\mathrm{d}x$.

5. $\dfrac{88}{105}$.

6. (1) $\pi(2\ln 2-1)$; (2) $\dfrac{a^3}{6}\left(\pi-\dfrac{8-5\sqrt{2}}{3}\right)$;

(3) $-6\pi^2$; (4) $\dfrac{45}{2}\pi$.

附录 模拟测试题(五套)及答案

模拟试卷（一）

一、选择题(在每小题给出的四个选项中，只有一项符合题目要求，把所选项前的字母填入题后的括号内)

1. 已知 $f(x) = \begin{cases} -x, & -1 \leqslant x \leqslant 0, \\ \sqrt{3-x}, & 0 < x < 2, \end{cases}$ 则 $f(1) = ($ $)$.

    A. $\sqrt{2}$ B. -1

    C. $-\sqrt{2}$ D. 1

2. 当 $x \to 0$ 时，无穷小 $1 - \cos 2x$ 是 ($ $)$ 无穷小.

    A. 比 x 高阶   B. 比 x 低阶

    C. 与 x 同阶   D. 与 x 等阶

3. 以下命题正确的是(   )

    A. 驻点是函数的零点   B. 驻点是极值点

    C. 驻点不是极值点   D. 驻点不一定是极值点

4. $x = 0$ 是函数 $y = |x|$ 的(   ).

    A. 连续点   B. 间断点

    C. 可导点   D. 极大值点

5. 设 $f(x,y)$ 为连续函数，则二次积分 $\int_0^1 \mathrm{d}x \int_0^{1-x} f(x,y)\mathrm{d}y$ 等于(   ).

    A. $\int_0^1 \mathrm{d}y \int_0^{1-y} f(x,y)\mathrm{d}x$ B. $\int_0^1 \mathrm{d}y \int_0^{1-x} f(x,y)\mathrm{d}x$

    C. $\int_0^{1-x} \mathrm{d}y \int_0^1 f(x,y)\mathrm{d}x$ D. $\int_0^1 \mathrm{d}y \int_0^1 f(x,y)\mathrm{d}x$

二、填空题(把答案填在题中横线上)

6. 曲线 $y = \sqrt{x}$ 在 $x = 9$ 处的切线方程为_____.

7. 若 $y = \mathrm{e}^{\sin\frac{1}{x}}$，则 $\dfrac{\mathrm{d}y}{\mathrm{d}x} = $ _____.

8. $\displaystyle\int_{-\pi}^{\pi} x^2 \arcsin x \, \mathrm{d}x = $ _____.

9. 设 $f(x,y)=x+y-\sqrt{x^2+y^2}$ ， $f_y(4,3)=\underline{\hspace{2cm}}$.

10. 微分方程 $x(y')^2-2xyy'+x=0$ 的阶数为_____.

11. 由曲线 $y=\ln(2-x)$ 与两坐标轴所围图形的面积是_____.

12. $f(x)=\sin x+\cos x$ 在 $\left[0,\dfrac{\pi}{2}\right]$ 处的最大值_____.

三、解答题(解答应写出推理、演算步骤)

13. $y=e^x\cos 4x$ ，求 y'.

14. 计算 $\displaystyle\int\frac{x}{1+x^2}dx$.

15. 计算 $\displaystyle\lim_{x\to 0}\frac{\displaystyle\int_0^x\cos^2 t\,dt}{x}$.

16. 求微分方程 $y'+2xy=x$ 的通解.

17. 设 $z=\arctan\sqrt{x^y}$ ，求 $\dfrac{\partial z}{\partial x},\dfrac{\partial z}{\partial y}$.

18. 求 $\displaystyle\iint\limits_D(1-x^2-y^2)dxdy$ ，其中 D 是由 $y=x,y=0,x^2+y^2=1$ 在第一象限内所围成的区域.

19. 要制作一个容积为 $27m^3$ 的密闭长方体容器，问其长、宽、高各为多少时所用材料最少?

试卷(一)答案

一、1.A；2. D；3.D；4. D；5. A.

二、6. $x-6y+9=0$ ；7. $-\dfrac{1}{x^2}e^{\sin\frac{1}{x}}\cos\dfrac{1}{x}$ ；8. 0；9. $\dfrac{1}{5}$ ；10.1；11. $2\ln 2-1$ ；12. $\sqrt{2}$.

三、13. 解　 $y'=e^x\cos 4x-4e^x\sin 4x$.

14. 解　 $\displaystyle\int\frac{x}{1+x^2}dx=\frac{1}{2}\int\frac{dx^2}{1+x^2}=\frac{1}{2}\ln(1+x^2)+C$.

15. 解　由洛必达法则， $\displaystyle\lim_{x\to 0}\frac{\displaystyle\int_0^x\cos^2 t\,dt}{x}=\lim_{x\to 0}\cos^2 x=1$.

16. 解　 $p(x)=2x,q(x)=x$.

所以， $y=e^{-\int p(x)dx}\left[\displaystyle\int q(x)e^{\int p(x)dx}dx+C\right]$

$$= e^{-\int 2x dx}\left[\int x e^{\int 2x dx}dx + C\right]$$

$$= e^{-x^2}\left(\frac{1}{2}e^{x^2} + C\right)$$

$$= \frac{1}{2} + C e^{-x^2}.$$

17. 解　$z_x = \dfrac{y\sqrt{x^y}}{2x(1+x^y)}$，$z_y = \dfrac{\sqrt{x^y}\ln x}{2(1+x^y)}$.

18. 解　令 $\begin{cases} x = \rho\cos\varphi, \\ y = \rho\sin\varphi, \end{cases}$ 则 $D = \left\{(\rho,\varphi)\,\middle|\,0 \leqslant \varphi \leqslant \dfrac{\pi}{4}, 0 \leqslant \rho \leqslant 1\right\}$，所以

$$\iint\limits_{D}(1-x^2-y^2)dxdy = \int_0^{\frac{\pi}{4}}d\varphi\int_0^1(1-\rho^2)\rho d\rho = \frac{\pi}{16}.$$

19. 解　设长方体的长、宽、高及表面积分别为 x, y, z 和 S，依题意有：$27 = xyz$，

$$S = 2xy + 2yz + 2xz,$$

所以，

$$S = 2xy + \frac{54}{x} + \frac{54}{y},$$

$$\begin{cases} S_x = 2y - \dfrac{54}{x^2} = 0, \\[2mm] S_y = 2x - \dfrac{54}{y^2} = 0, \end{cases}$$

所以，$x = y = 3$，即有 $z = 3$.

由现实问题得，当长、宽、高均为 3cm 时，长方体密闭容器所用材料最少.

模拟试卷（二）

一、选择题(在每小题给出的四个选项中，只有一项符合题目要求，把所选项前的字母填入题后的括号内)

1. 下列两个函数相同的是（　　）.

    A. $(\sqrt{x})^2$ 与 x B. $\sqrt{x^2}$ 与 x

    C. $\ln x^2$ 与 $2\ln x$ D. $\sqrt{x^2}$ 与 $|x|$

2. 以下结论正确的是（　　）.

    A. $\lim\limits_{x\to 0}\dfrac{|x|}{x} = 1$ B. $\lim\limits_{x\to 0}\dfrac{1}{x} = -\infty$

C. $\lim\limits_{x\to 0}\dfrac{x}{x}=-1$ 　　　　　　　　　　　D. $\lim\limits_{x\to 0}\dfrac{x^2}{x}=0$

3. 设 $f(x)$ 在区间 $[a,\ b]$ 上连续且不恒为零，$F_1(x)$，$F_2(x)$ 是 $f(x)$ 的两个不同的原函数，则在 $[a,\ b]$ 上有(　　　).

    A. $F_1(x)=CF_2(x)$ 　　　　　　　　　B. $F_1(x)-F_2(x)=C$

    C. $F_1(x)+F_2(x)=C$ 　　　　　　　　D. $\dfrac{F_1(x)}{F_2(x)}=C$

4. 下列命题正确的是(　　　).

    A. $y=f(x)$ 在 x_0 可导，则 $y=f(x)$ 在 x_0 不可微

    B. $y=f(x)$ 在 x_0 可导，则 $y=f(x)$ 在 x_0 连续

    C. 若 $f''(x)=0$，则点 $(x,f(x_0))$ 必是函数 $y=f(x)$ 的拐点

    D. 函数的驻点必是极值点

5. 下列积分为 0 的是(　　　).

    A. $\displaystyle\int_{-0.5}^{0.5}x^2\mathrm{d}x$ 　　　　　　　　　B. $\displaystyle\int_{-1}^{1}\mathrm{d}x$

    C. $\displaystyle\int_{-2}^{2}\cos x\mathrm{d}x$ 　　　　　　　　D. $\displaystyle\int_{-100}^{100}x\mathrm{d}x$

二、填空题(把答案填在题中横线上)

6. 函数 $y=x^2$ 在点 $(1,1)$ 处的切线斜率为_____.

7. $\lim\limits_{x\to\infty}\dfrac{\sin x}{x}=$____.

8. 若 $\varPhi(x)=\displaystyle\int_{1}^{x}t^3\mathrm{e}^t\mathrm{d}t$，则 $\varPhi'(x)=$_____.

9. 已知 $\dfrac{\mathrm{d}y}{\mathrm{d}x}=\mathrm{e}^{2x}$，则 $y=$_____.

10. 设函数 $f(x)=\begin{cases}x^2, & x\leqslant 1, \\ x+1, & x>1,\end{cases}$ 则 $\displaystyle\int_{0}^{2}f(x)\mathrm{d}x=$_____.

11. 若函数 $f(x)$ 在 x_0 处二阶导数存在，且 $f(x_0)=0, f''(x_0)>0$,则点 x_0 是 $f(x)$ 的极_____值.

12. 设 $z=x\mathrm{e}^{xy}$，则 $\dfrac{\partial z}{\partial x}=$_____.

三、解答题(解答应写出推理、演算步骤)

13. 求极限 $\lim\limits_{x\to 0}\dfrac{x-\ln(1+x)}{x^2}$.

14. $y = \dfrac{1}{2}x - \cos x + \dfrac{1}{2\arctan x}$ ，求 $\dfrac{\mathrm{d}y}{\mathrm{d}x}$.

15. 求由抛物线 $y = x^2$ 与直线 $y = x + 2$ 所围成的平面图形的面积.

16. 求微分方程 $y\mathrm{d}x + (x^2 - 4x)\mathrm{d}y = 0$ 的通解.

17. 计算 $\displaystyle\int_0^1 x\mathrm{e}^x \mathrm{d}x$.

18. 交换 $I = \displaystyle\int_0^1 \mathrm{d}x \int_{\sqrt{x}}^1 \mathrm{e}^{\frac{x}{y}} \mathrm{d}y$ 的积分次序，并求该积分的值.

19. 求 $z = x^2 + 2y^2 - 2xy + x - 2y + 2$ 的极值.

试卷（二）答案

一、1. D；2. D；3. B；4. B；5. D.

二、6. 2；7. 0；8. $x^3\mathrm{e}^x$；9. $\dfrac{1}{2}\mathrm{e}^{2x} + C$；10. $\dfrac{17}{6}$；11. 小；12. $(1 + xy)\mathrm{e}^{xy}$.

三、13. 解　$\displaystyle\lim_{x\to 0}\dfrac{x - \ln(1+x)}{x^2} = \lim_{x\to 0}\dfrac{1 - \dfrac{1}{1+x}}{2x} = \dfrac{1}{2}\lim_{x\to 0}\dfrac{1}{(1+x)^2} = \dfrac{1}{2}$.

14. 解　$\dfrac{\mathrm{d}y}{\mathrm{d}x} = \dfrac{1}{2} + \sin x - \dfrac{1}{2(1+x^2)\arctan^2 x}$.

15. 解　由 $\begin{cases} y = x^2, \\ y = x + 2, \end{cases}$ 得交点 $(-1,\ 1)$ 和 $(2,\ 4)$，故所求面积 $A = \displaystyle\int_{-1}^2 (x + 2 - x^2)\,\mathrm{d}x$

$= \dfrac{9}{2}$.

16. 解　$y\mathrm{d}x + (x^2 - 4x)\mathrm{d}y = 0 \Rightarrow \dfrac{\mathrm{d}y}{-y} = \dfrac{\mathrm{d}x}{x(x-4)}$；$\dfrac{\mathrm{d}y}{-y} = \dfrac{1}{4}\left(\dfrac{1}{x-4} - \dfrac{1}{x}\right)\mathrm{d}x$.

两端积分

$$4\ln|y| = \ln\left|\dfrac{x}{x-4}\right| + C_1 \Rightarrow y^4 = C\left|\dfrac{x}{x-4}\right| .$$

17. 解　$\displaystyle\int_0^1 x\mathrm{e}^x \mathrm{d}x = \int_0^1 x\mathrm{d}\mathrm{e}^x = x\mathrm{e}^x\Big|_0^1 - \int_0^1 \mathrm{e}^x\mathrm{d}x = 1$.

18. 解　$D: \begin{cases} 0 \leqslant x \leqslant 1, \\ \sqrt{x} \leqslant y \leqslant 1, \end{cases}$ 变为 $D': \begin{cases} 0 \leqslant y \leqslant 1, \\ 0 \leqslant x \leqslant y^2, \end{cases}$ 所以：

$$I = \int_0^1 \mathrm{d}y \int_0^{y^2} \mathrm{e}^{\frac{x}{y}}\mathrm{d}x ,$$

$$I = \int_0^1 \mathrm{d}y[y\mathrm{e}^y - y] = 1/2 .$$

19. 解　$\dfrac{\partial z}{\partial x} = 2x - 2y + 1 = 0$，$\dfrac{\partial z}{\partial y} = 4y - 2x - 2 = 0 \Rightarrow x = 0$，$y = \dfrac{1}{2}$，

又 $\dfrac{\partial^2 z}{\partial x^2} = 2$，$\dfrac{\partial^2 z}{\partial x \partial y} = 4$，$\dfrac{\partial^2 z}{\partial y^2} = -2$，$\Delta < 0$，$a > 0$，故函数有极小值 $z\left(0, \dfrac{1}{2}\right) = \dfrac{3}{2}$。

模拟试卷（三）

一、选择题(在每小题给出的四个选项中，只有一项符合题目要求，把所选项前的字母填入题后的括号内)

1. 函数 $y = \dfrac{\sqrt{x-1}}{\ln|x-2|}$ 的定义域为（　　）.

　A. $x \neq 2$　　　　　　　　　　　　B. $x \geq 1, x \neq 2$

　C. $x > 1, x \neq 2, x \neq 3$　　　　　D. $x \geq 1, x \neq 2, x \neq 3$

2. $y = 1/x$，则 $y'' = （　　）$.

　A. $-1/x^3$　　　　　　　　　　　　B. $1/x^3$

　C. $2/x^3$　　　　　　　　　　　　 D. $-2/x^3$

3. 设 $f(x)$ 在 $(-\infty, +\infty)$ 上连续，则 $\mathrm{d}\displaystyle\int f(x)\mathrm{d}x$ 等于（　　）.

　A. $f(x)$　　　　　　　　　　　　　B. $f(x) + C$

　C. $f(x)\mathrm{d}x$　　　　　　　　　 D. $f'(x)\mathrm{d}x$

4. 由 $y = \mathrm{e}^x$，$y = \mathrm{e}^{-x}$，$x = 1$ 所围成的图形的面积是（　　）.

　A. $\mathrm{e} + \dfrac{1}{\mathrm{e}}$　　　　　　　　　　　　B. $\mathrm{e} - \dfrac{1}{\mathrm{e}}$

　C. $\mathrm{e} + \dfrac{1}{\mathrm{e}} - 2$　　　　　　　　　 D. $\mathrm{e} - \dfrac{1}{\mathrm{e}} + 2$

5. 函数 $f(x, y) = x^3 - y^3 + 3x^2 + 3y^2 - 9x$ 的极大值点为（　　）.

　A. $(-3, 2)$　　　　　　　　　　　　B. $(-3, 0)$

　C. $(1, 2)$　　　　　　　　　　　　 D. $(1, 0)$

二、填空题(把答案填在题中横线上)

6. 函数 $f(x) = \dfrac{\sin 3x}{4x}$，已知函数在 $x = 0$ 处连续，则令 $f(0) = $ _____.

7. $\displaystyle\lim_{x \to \infty}\left(1 + \dfrac{3}{x}\right)^x = $ _____.

8. 设 $f(x) = \dfrac{\cos x}{x}$，则 $f'\left(\dfrac{\pi}{2}\right) = $ _____.

9. $\int_{-\infty}^{0} e^x dx = \underline{\qquad}$.

10. $\int_{0}^{3} |x-2| dx = \underline{\qquad}$.

11. 设 D 是由 $x=0, y=x$ 及 $y=1$ 所围成的区域，则 $\iint\limits_{D} e^{y^2} d\sigma = \underline{\qquad}$.

12. 微分方程 $yy'=x$ 的通解是 $\underline{\qquad}$.

三、解答题（解答应写出推理、演算步骤）

13. 求极限 $\lim\limits_{x\to 0} \dfrac{e^{5x}-1}{x}$.

14. 函数 $y=(x^2+\ln\sin x)^3$，求 dy.

15. 求由方程 $x^2-\sin(xy)+y=c$（c 为常数）确定的隐函数的导数 y'.

16. 求微分方程 $xy'=y+\sqrt{x^2-y^2}$ 的通解.

17. 计算 $\int_0^x \dfrac{\cos x}{1+\sin^2 x} dx$.

18. 设 $z=f\left(x,\dfrac{x}{y}\right)$，求 $\dfrac{\partial z}{\partial x}$，$\dfrac{\partial^2 z}{\partial x\partial y}$.

19. 已知某产品的边际成本为 $C'(x)=3+\dfrac{1}{3}x$（万元/百台），固定成本为 $C_0=1$ 万

元，又知销售收入为 $R(x)=7x-\dfrac{1}{2}x^2$（万元），求利润最大时的销售量.

试卷（三）答案

一、1. B；2. C；3. C；4. C；5. A.

二、6. $\dfrac{3}{4}$；7. e^3；8. $-\dfrac{\pi}{2}$；9. 1；10. $\dfrac{5}{2}$；11. $\dfrac{1}{2}(e-1)$；12. $y^2=x^2+C$.

三、13. 解　$\lim\limits_{x\to 0}\dfrac{e^{5x}-1}{x}=\lim\limits_{x\to 0}5e^{5x}=5$.

14. 解　$y'=3(x^2+\ln\sin x)^2\cdot(2x+\cot x)$，则 $dy=3(x^2+\ln\sin x)^2\cdot(2x+\cot x)dx$.

15. 解　两端关于 x 求导，$2x-\cos(xy)(y+xy')+y'=0$，得到

$$2x-y\cos(xy)=(x\cos(xy)-1)y' \Rightarrow y'=\dfrac{2x-y\cos(xy)}{x\cos(xy)-1}.$$

16. 解　$\dfrac{dy}{dx}=\dfrac{y}{x}+\sqrt{1-\left(\dfrac{y}{x}\right)^2}$，令 $\dfrac{y}{x}=t$，$dy=xdt+tdx$，代入得 $\dfrac{xdt}{dx}+t=t+\sqrt{1-t^2}$.

$$\frac{\mathrm{d}t}{\sqrt{1-t^2}} = \frac{\mathrm{d}x}{x} \Rightarrow \arcsin t = \ln x + C \Rightarrow \arcsin \frac{y}{x} = \ln x + C.$$

17. 解 $\displaystyle\int_0^\pi \frac{1}{1+\sin^2 x}\,\mathrm{d}\sin x = \arctan \sin x\,\big|_0^\pi = 0$.

18. 解 $\dfrac{\partial y}{\partial x} = f_1' + \dfrac{1}{y}f_2'$,

$$\frac{\partial^2 z}{\partial x \partial y} = f_{12}''\left(-\frac{x}{y^2}\right) - \frac{1}{y^2}f_2' + \frac{1}{y}f_{22}''\left(-\frac{x}{y^2}\right) = -\frac{1}{y^2}\left(xf_{12}'' + f_2' + \frac{x}{y}f_{22}''\right).$$

19. 解 成本：$C(x) = \displaystyle\int_0^x \left(3+\frac{1}{3}t\right)\mathrm{d}t + C_0 = 3x + \frac{1}{6}x^2 + 1$.

利润：$L(x) = R(x) - C(x) = -1 + 4x - \dfrac{2}{3}x^2$.

由 $L'(x) = 4 - \dfrac{4}{3}x = 0$ 得驻点 $x = 3$，而 $L''(3) = -\dfrac{4}{3} < 0$，故 $x = 30$ 台时，$L(x)$ 有最大值.

模拟试卷（四）

一、选择题(在每小题给出的四个选项中，只有一项符合题目要求，把所选项前的字母填入题后的括号内)

1. 设 $f(x) = \dfrac{1}{x}, g(x) = 1-x$，则 $f[g(x)] = ($).

   A. $\dfrac{1}{1-x}$ B. $1 + \dfrac{1}{x}$

   C. $1 - \dfrac{1}{x}$ D. x

2. 设 $x \to x_0$ 时，$f(x)(\neq 0)$ 为无穷小量，$g(x)$ 为无穷大量，则下列为无穷大量的是( ).

   A. $\dfrac{1}{f(x)} + g(x)$ B. $f(x)\,g(x)$

   C. $f(x) + g(x)$ D. $\dfrac{f(x)}{g(x)}$

3. 要使 $f(x) = \begin{cases} \dfrac{x^2-4}{x+2}, & x \neq -2, \\ a, & x = -2 \end{cases}$ 为连续函数，则 $a = ($).

　　　A. 0　　　　　　B. 4　　　　　C. −4　　　　　D. −2

4. 下列广义积分中，收敛的是（　　　）.

　　A. $\int_0^{+\infty} \sin x \mathrm{d}x$　　　　　　　　　　B. $\int_1^{+\infty} \ln x \mathrm{d}x$

　　C. $\int_0^{+\infty} \mathrm{e}^x \mathrm{d}x$　　　　　　　　　　D. $\int_1^{+\infty} \frac{1}{x^2} \mathrm{d}x$

5. 若区域 D 由圆 $x^2 + y^2 = 3$ 围成，则在极坐标系下，$\iint\limits_D f(x,y)\mathrm{d}\sigma = （\quad）$.

　　A. $\int_0^{2\pi} \mathrm{d}\theta \int_0^{\sqrt{3}} f(r\cos\theta, r\sin\theta)\mathrm{d}r$　　　　B. $\int_0^{2\pi} \mathrm{d}\theta \int_0^{\sqrt{3}} f(r\cos\theta, r\sin\theta)r\mathrm{d}r$

　　C. $\int_0^{\pi} \mathrm{d}\theta \int_0^{3} f(r\cos\theta, r\sin\theta)r\mathrm{d}r$　　　　D. $\int_0^{2\pi} \mathrm{d}\theta \int_0^{3} f(r\cos\theta, r\sin\theta)r\mathrm{d}r$

二、填空题（把答案填在题中横线上）

6. $\lim\limits_{x\to 0} \dfrac{x}{\sin 3x} = $ _____.

7. 设 $f(x) = \mathrm{e}^{\sin x}$，则 $f''(0) = $ _____.

8. 设 $z(x,y) = \dfrac{1}{2}\ln(1 + x^2 + y^2)$，则 $\mathrm{d}z|_{(1,1)} = $ _____.

9. 函数 $y = x^3 - 3x^2 - 5$ 图形的拐点坐标为_____.

10. $\mathrm{d}\left(\int \cos^3 2x \mathrm{d}x\right) = $ _____.

11. $\int_{-x}^{x} (x^2 + 1)\sin^5 x \mathrm{d}x = $ _____.

12. 微分方程 $\dfrac{\mathrm{d}y}{1-y} = x^2 \mathrm{d}x$ 的通解是_____.

三、解答题（解答应写出推理、演算步骤）

13. 求极限 $\lim\limits_{x\to 0} \dfrac{\mathrm{e}^x - 1}{x^2 + x}$.

14. 已知 $y = x\mathrm{e}^{\sqrt{x}}$，求 y'.

15. 已知函数 y 是方程 $xy - \ln y = 1 + x^2$ 所确定的隐函数，求 $\mathrm{d}y$.

16. 求微分方程 $(1 + x^2)y' = \arctan x$，在满足 $y(0) = 0$ 时的特解.

17. 计算 $\int_{-1}^{0} \dfrac{1}{1 + \sqrt{1+x}} \mathrm{d}x$.

18. 求 $\iint\limits_D \cos(x+y)\mathrm{d}x\mathrm{d}y$，其中 D 是由 $y = \pi, x = 0, y = x$ 所围成的区域.

19. 求 $f(x) = 2x^3 - 9x^2 + 12x - 1$ 在区间$[-2，3]$上的最值.

试卷（四）答案

一、1. A；2. A；3. C；4. D；5. B.

二、6. $\dfrac{1}{3}$；7. 1；8. $\dfrac{1}{3}\mathrm{d}x + \dfrac{1}{3}\mathrm{d}y$；9. $(1,-7)$；10. $\cos^3 2x\mathrm{d}x$；11. 0；12. $\dfrac{1}{1-y} = Ce^{\frac{x^3}{3}}$.

三、13. 解　$\lim\limits_{x \to 0}\dfrac{e^x - 1}{x^2 + 1} = \lim\limits_{x \to 0}\dfrac{e^x}{2x + 1} = 1$.

14. 解　$y' = e^{\sqrt{x}} + \dfrac{1}{2}\sqrt{x}e^{\sqrt{x}}$.

15. 解　$xy - \ln y = 1 + x^2$，两端关于 x 求导，$y + xy' - \dfrac{1}{y}y' = 2x$，

$$y' = \frac{y(2x - y)}{xy - 1}.$$

16. 解　$(1 + x^2)y' = \arctan x \Rightarrow \mathrm{d}y = \dfrac{\arctan x}{1 + x^2}\mathrm{d}x$，得 $y = \dfrac{1}{2}\arctan^2 x + C$，将 $y(0) = 0$

代入，得 $C=0$，故 $y = \dfrac{1}{2}\arctan^2 x$.

17. 解　令 $t = \sqrt{1 + x}$，则 $x = t^2 - 1$，$\mathrm{d}x = 2t\mathrm{d}t$，且当 $x = -1$ 时有 $t = 0$，当 $x = 0$ 时

有 $t = 1$．于是 $\displaystyle\int_{-1}^{0}\dfrac{1}{1 + \sqrt{1 + x}}\mathrm{d}x = \int_{0}^{1}\dfrac{2t}{1 + t}\mathrm{d}t = 2\int_{0}^{1}\left(1 - \dfrac{1}{1 + t}\right)\mathrm{d}t = (2t)\big|_{0}^{1} - 2\int_{0}^{1}\dfrac{1}{1 + t}\mathrm{d}t$

$= 2 - 2\ln 2$.

18. 解　$\displaystyle\iint\limits_{D}\cos(x + y)\mathrm{d}x\mathrm{d}y = \int_{0}^{\pi}\mathrm{d}y\int_{0}^{y}\cos(x + y)\mathrm{d}x = \int_{0}^{\pi}\sin(x + y)\big|_{0}^{y}\mathrm{d}y = -2$.

19. 解　$f(x) = 2x^3 - 9x^2 + 12x - 1$，令 $f'(x) = 6x^2 - 18x + 12 = 0$，得 $x = 1$ 或 $x = 2$，

则 $f(1) = 4$，$f(2) = 3$，又 $f(-2) = -77$，$f(3) = 8$，

故 $x = -2$ 时取得最小值-77，$x = 3$ 时取得最大值 8.

模拟试卷（五）

一、选择题(在每小题给出的四个选项中，只有一项符合题目要求，把所选项前的字母填入题后的括号内)

1. 设函数 $f(x) = \dfrac{e^{ax} + e^{-ax}}{2}$（其中 a 为常数），则 $f(x)$ 在$(-\infty, +\infty)$ 内为（　　）.

A. 奇函数　　　　　　　　　　　　B. 偶函数

C. 非奇非偶函数   D. 奇偶性与 a 有关的函数

2. 当 $x \to 0$ 时，下列变量中是无穷小的为（   ）.

A. e^x B. $\dfrac{\sqrt{1+x}-1}{x}$

C. $\ln(1+2x)$ D. $\dfrac{\cos x}{x}$

3. 函数 $y = f(x)$ 的图形如下图所示，则曲线 $y = f(x)$ 在区间 $[0, b]$（其中 b 为大于零的常数）上拐点的个数为（   ）.

A. 0   B. 1

C. 2   D. 3

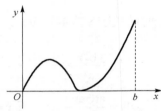

4. 设函数 $f(x)$ 在闭区间 $[a, b]$ 上连续，则曲线 $y = f(x)$ 与直线 $x = a, x = b$ 和 $y = 0$ 所围成的平面图形的面积等于（   ）.

A. $\displaystyle\int_a^b f(x)\mathrm{d}x$ B. $\left|\displaystyle\int_a^b f(x)\mathrm{d}x\right|$

C. $-\displaystyle\int_a^b f(x)\mathrm{d}x$ D. $\displaystyle\int_a^b |f(x)|\mathrm{d}x$

5. 二元函数 $f(x, y) = 2 - x^2 - y^2$ 的极大值点 $(x_0, y_0) = ($ $)$.

A. $(0, 0)$ B. $(1, 1)$

C. $(2, 2)$ D. 不存在

二、填空题（把答案填在题中横线上）

6. 设函数 $f(x) = \begin{cases} \dfrac{\sin x}{x}, & x > 0, \\ 0, & x \leqslant 0, \end{cases}$ 则 $f(x)$ 的间断点是_____.

7. $\displaystyle\lim_{x \to \infty}\left(\dfrac{x+1}{x}\right)^x = $ _____.

8. 设 $z = xy^2 + x^3 y$，则 $\dfrac{\partial^2 z}{\partial x \partial y} = $ _____.

9. 设 $y = \ln(1+x)$，则 $\dfrac{\mathrm{d}^2 y}{\mathrm{d}x^2} = $ _____.

10. $\int_0^1 \sqrt{1-x^2}\,\mathrm{d}x = $ _____.

11. 设 $f(x)$ 为连续函数，$F(x)$ 为 $f(x)$ 的原函数，则 $\int \dfrac{f(\ln x)}{x}\,\mathrm{d}x = $ _____.

12. 微分方程 $\dfrac{\mathrm{d}y}{\mathrm{d}x} = xy$ 的通解是 _____.

三、解答题(解答应写出推理、演算步骤)

13. 求极限 $\displaystyle\lim_{x\to 0}\dfrac{x-\sin x}{x^3}$.

14. 设平面曲线的方程为 $x^2 - 2xy + 3y^2 = 3$，求曲线在点 $(2,1)$ 处的切线方程.

15. 设函数 $z = y^{2x}$，求 $\mathrm{d}z$.

16. 求微分方程 $\dfrac{\mathrm{d}y}{\mathrm{d}x} + y = \mathrm{e}^{-x}$ 的通解.

17. 计算 $\displaystyle\int_0^4 \mathrm{e}^{\sqrt{x}}\,\mathrm{d}x$.

18. 求 $\displaystyle\iint\limits_D (x+6y)\,\mathrm{d}x\mathrm{d}y$，其中 D 是由 $y=x, y=5x, x=1$ 所围成的区域.

19. 设有一根长为 l 的铁丝，将其分成两段，分别构成圆形和正方形，若记圆形的面积 S_1，正方形的面积为 S_2，证明当 $S_1 + S_2$ 为最小时，$\dfrac{S_1}{S_2} = \dfrac{\pi}{4}$.

试卷（五）答案

一、1. B；2. C；3. B；4. D；5. A.

二、6. $x=0$；7. e；8. $2y+3x^2$；9. $\dfrac{-1}{(1+x)^2}$；10. $\dfrac{\pi}{4}$；11. $F(\ln x)+C$；

12. $y = C\mathrm{e}^{\frac{x^2}{2}}$.

三、13. 解　$\displaystyle\lim_{x\to 0}\dfrac{x-\sin x}{x^3} = \lim_{x\to 0}\dfrac{1-\cos x}{3x^2} = \lim_{x\to 0}\dfrac{\sin x}{6x} = \dfrac{1}{6}$.

14. 解　方程两端对 x 求导得 $2x - 2(y+y'x) + 6yy' = 0$，将点 $(2,1)$ 代入上式，得 $y'|_{(2,1)} = -1$，从而在 $(2,1)$ 处的切线方程为 $y-1 = -1(x-2)$，即 $x+y-3 = 0$.

15. 解　$\mathrm{d}z = 2y^{2x}\ln y\,\mathrm{d}x + 2xy^{2x-1}\mathrm{d}y$.

16. 解　$y = \mathrm{e}^{-\int p(x)\mathrm{d}x}\left(C + \int q(x)\mathrm{e}^{\int p(x)\mathrm{d}x}\,\mathrm{d}x\right)$

　　　　$= \mathrm{e}^{-\int \mathrm{d}x}\left(C + \int \mathrm{e}^{-x}\mathrm{e}^{\int \mathrm{d}x}\,\mathrm{d}x\right) = \mathrm{e}^{-x}\left(C + \int \mathrm{e}^{-x}\mathrm{e}^x\,\mathrm{d}x\right) = \mathrm{e}^{-x}(C+x)$.

17. 解　令 $t = \sqrt{x}$，则 $x = t^2$，$\mathrm{d}x = 2t\mathrm{d}t$，且当 $x = 0$ 时有 $t = 0$，当 $x = 4$ 时有 $t = 2$. 于是

$$\int_0^4 \mathrm{e}^{-\sqrt{x}}\mathrm{d}x = 2\int_0^2 t\mathrm{e}^{-t}\mathrm{d}t = -2\int_0^2 t\mathrm{d}\mathrm{e}^{-t} = (-2t\mathrm{e}^{-t})\Big|_0^2 + 2\int_0^2 \mathrm{e}^{-t}\mathrm{d}t$$

$$= -4\mathrm{e}^{-2} - 2(\mathrm{e}^{-2} - 1) = 2 - 6\mathrm{e}^{-2}.$$

18. 解　$D = \left\{(x,y)\,\big|\, 0 \leqslant x \leqslant 1, x \leqslant y \leqslant 5x\right\}$，所以

$$\iint\limits_D (x + 6y)\mathrm{d}x\mathrm{d}y = \int_0^1 \mathrm{d}x\int_x^{5x}(x + 6y)\rho\mathrm{d}y = \frac{76}{3}.$$

19. 解　将铁丝分成两段，长分别为 $x, l - x$. 将长为 x 的部分构成半径为 R 的圆形，则 $2\pi R = x$，$R = \dfrac{x}{2\pi}$，故

$$S_1 = \pi R^2 = \frac{x^2}{4\pi}, \quad S_2 = \left(\frac{l-x}{4}\right)^2,$$

$$S = S_1 + S_2 = \frac{x^2}{4\pi} + \frac{(l-x)^2}{16},$$

令 $S' = \dfrac{x}{2\pi} - \dfrac{l-x}{8} = 0$ 得 $x = \dfrac{\pi l}{\pi + 4}$，又 $x = \dfrac{\pi l}{\pi + 4}$ 为 S 的唯一驻点，且 $S'' = \dfrac{1}{2\pi} + \dfrac{1}{8} > 0$，故 $x = \dfrac{\pi l}{\pi + 4}$ 为极小值点，由于实际问题存在最小值，故 $x = \dfrac{\pi l}{\pi + 4}$ 为最小值点，且

$$\frac{S_1}{S_2} = \frac{\dfrac{x^2}{4\pi}}{\dfrac{(l-x)^2}{16}}\Bigg|_{x = \frac{\pi l}{\pi + 4}} = \frac{\dfrac{1}{4\pi}\dfrac{\pi^2 l^2}{(\pi + 4)^2}}{\dfrac{16l^2}{16(\pi + 4)^2}} = \frac{\pi}{4}.$$